基礎から発展まで

専門数学
への
懸け橋

三角
関数

小林 道正
Michimasa Kobayashi

ベレ出版

はじめに

みなさんは、「三角関数」に対して、どのようなイメージをお持ちだろうか？　高校生以上の読者の方なら「やたらに公式が多く、意味もよくわからない」という方も多いと思う。

三角関数は、古くから土地の測量などに利用され、現代では通信や地震解析など、さまざまな分野で活用されている。

本書は、三角関数の基本から応用（たとえばオイラーの公式やフーリエ級数展開など）までを、詳しく解説する。

高校生をはじめ、数学から遠ざかっていた大人の方まで、多くの方の学習に役立つことを期待している。

2019 年 12 月

小林　道正

目　次

第 9 章　フーリエ級数展開

第 10 章　演習問題と解答　239

第1章

直角三角形の三角比

　三角関数がいかに役立つか、例として、高い木の高さを測る問題を考えてみよう。図のように、高さ AE の木から水平に 10m 離れたところで、目の高さが BD = 1.5m の人が木を見たとき、仰角（水平から上部への角度∠ ABC）が 40°であったとする。これだけの情報から、木の高さ AE を求めようというのである。この問題は、三角関数を知らなくても、相似の考え方で求められるが、三角関数を使えば、これらの数値から、木の高さ AE を求めることができる。

　まずは、三角関数を説明する前に理解しておきたいのが「相似」。

　相似は三角関数のベースとなる考え方である。

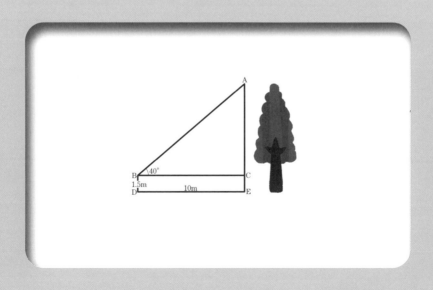

　「相似」とは、2つの図形が「大きさは異なるが形が同じ」状態のことをいう。

　相似な図形を容易につくってくれる道具が「コピー機」である。自分で好きな動物の絵を描いて、それを2倍に拡大してみよう。コピー機の「拡大」を選択すると、拡大の倍率を聞いてくる。そこで200とすれば、次のような図形が得られる。

　どんなに複雑な絵を描いても、簡単な三角形を描いても、2倍に拡大してくれる。便利な世の中になったものである。ちなみに「2倍」というのは、長さについてであり、面積で比較すると4倍になっている。面積を2倍にしたいのであれば、長さは2乗して2になる数、つまり、$\sqrt{2} \fallingdotseq 1.414$ に設定しなければならないことに注意しよう。

2つの三角形が相似であるとき、次の性質が成り立つ。逆に、いずれかの性質が成り立つと、2つの三角形は相似である。

（1）　3つの角が等しい。

　　2つの三角形を比較すると、3つの角が等しいことがわかる。

　　三角形の3つの角の和は常に180°であるから、2つの角が等しければ、自動的に残りの1つの角は等しい。「3つの角が等しい」という条件は、「2つの角が等しい」としてよいことがわかる。

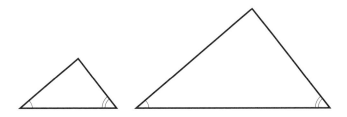

（2）　3つの辺の長さの比が等しい。

　　次の図の、小さい三角形の細い辺の長さ c、中ぐらいの太さの辺の長さ b、太い辺の長さ a の3つの辺の長さの比 $c:b:a$ と、大きい三角形の細い辺の長さ c'、中ぐらいの太さの長さ b'、太い辺の長さ a' の3つの辺の長さの比 $c':b':a'$ が等しい場合、つまり、$c:b:a = c':b':a'$ のとき相似である。この条件は、$c:c' = b:b' = a:a'$ としてもよい。

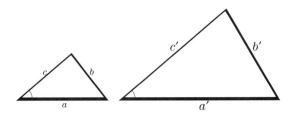

(3)　1つの角とそれをはさんでいる2つの辺の長さの比が等しい。

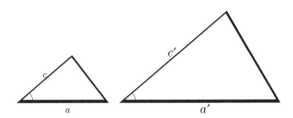

　　例えば、2つの辺の長さの比は $c : a = c' : a'$ である。この条件は $c : c' = a : a'$ としてもよい。

直角とは？

　　三角関数は、直角三角形に関係している。そこで、はじめに、「直角とは何か？」について考えてみよう。

　　「直角」は、「角」の特別な場合である。それでは、特別ではない「角」とは何だろうか？

　　「角」とは、「2つの半直線の開き具合」を表すものである。半直線とは、1点を端として、一方にだけ伸びている線のこと。「角」そのものを表す記号としては、∠を使う。

　　次図のような角を、角∠XOY、あるいは誤解がないときには単に、∠Oと表す。点Oを頂点という。「角の大きさ」は、「角度」と呼ばれる。

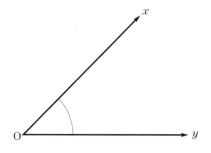

角度の測り方(1)──度数法

　角の大きさである「角度」を数値で表すにはどうすればいいのだろうか?　何か特別な角度を基準にするしかない。

　そのひとつが「1回転したときの角度を基礎にする」方法である。「1回転したときの角度」というのは、一方の半直線を回転させて角度が大きくなっていき、ちょうど1回転して2つの半直線が重なった場合の角度である。

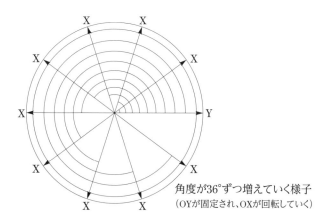

角度が36°ずつ増えていく様子
(OYが固定され、OXが回転していく)

　このように、「頂点の周りに1回転した角度」を、360°と定めるのである。なぜ「360」かというと、数学の歴史的な発展の経緯による。

　古代のエジプトと同時期に、実用数学が大いに発達した古代メソポタミアでは「60進法」が用いられていた。「60進法」とは、ある単位が

60 集まると新しい大きな単位に繰り上がるという記数法である。この「60 進法」と、もうひとつ、地球が太陽の周りを 1 周するのに約 360 日かかるということをもとにして、「1 回転の角の大きさ」を 360 という数で表したのであろうと考えられている。

角度を表すこの方法を度数法、または「60 分法」という。

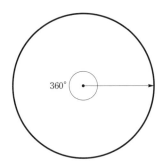

360 という数が便利である理由はいろいろある。例えば、360 は、2、3、4、5、6、8、9、10、12、15、18、20、24、30、36、40、45、60、72、90、120、180 で割ったときに割り切れるという便利な数である。

たとえば、円形のピザを、5 人で分けても、6 人で分けても、8 人で分けても、1 人分の中心角は整数の度数で表される。

また、正多角形を図示するとき、正 12 角形、正 15 角形、正 18 角形を描くときも、中心角を整数の角度でとれるので便利である。

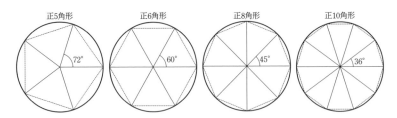

この便利さが生かされてきて、度数法は、現代まで滅びずに世界中で使われている。

例えば、120°というのは、1回転の3分の1、つまり、

$$120° = 360° \times \frac{1}{3}$$

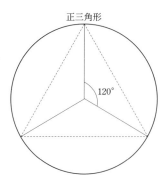

正三角形

120°

角をつくる半直線が正反対を向いているときの角度は、1回転の半分であり、180°となる。$360° \times \frac{1}{2} = 180°$ となる。

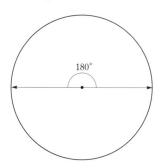

180°

180°の半分を直角といい、$180° \times \frac{1}{2} = 90°$ となる。

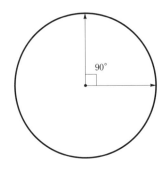

　180°の角度は直線上に簡単につくれる。紙を折れば直線ができ、適当な点をとって「頂点」とする。直角はその半分であるから、頂点を通るようにそこで紙を折り返せばよい。折り返して、線が元の直線と重なるようにすれば、90°ができる。

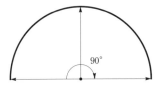

角度の測り方 (2) —— 弧度法

　角度の表し方には度数法の他に、もうひとつの方法がある。それが弧度法である。度数法は日常生活では頻繁に使われるが、数学では弧度法のほうがよく使われる。後で学ぶが、微分や積分の計算では弧度法が便利である。

　弧度法は、半径が一定の円周において、角度と弧の長さが比例することを利用している。

　角が2倍、3倍になれば、弧の長さも2倍、3倍になることは容易にわかるだろう。

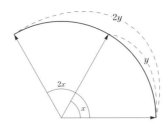

　この性質を利用して、半径が1の円（単位円）において、角度を弧の長さそのものとするのが弧度法である。例えば、半径が 1m の円において、弧の長さが 2.3m あるような角度を $t = 2.3$ ラジアン（radian）とする。radian は、半径を意味するラテン語 radius に由来し、イギリスの工学者トムソン（James Thomson、1822 ～ 92）が、1873 年に本の中で使用したのが最初といわれる。

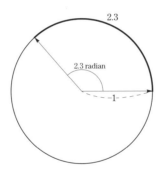

　1回転を表し、度数法では 360° となる角度は、弧度法では半径1の円周の長さであるから、$2\pi \times 1 = 2\pi$ ラジアンになる。

　180°はその半分であるから、π ラジアンになり、90°はさらにその半分で、$\frac{1}{2}\pi$ ラジアンになる。

　なお、弧度法で角度を表す場合、単位のラジアンはつけないのが普通である。例えば、角度 2.3 といえば、弧度法で表した角度で、2.3 ラジアンのことである。また、360°は弧度法で、2π なので、2π を何等分か

した角度では π がつくが、π は弧度法の単位ではないことに注意しよう。

度数法と弧度法の関係をまとめると次のようになる。

$$360° = 2\pi \text{ ラジアン}$$

$$180° = \pi \text{ ラジアン}$$

$$1° = \frac{2\pi}{360} = \frac{\pi}{180} \text{ラジアン}$$

$$x° = \frac{\pi}{180} x \text{ ラジアン}$$

$$\left(\frac{180}{\pi}\right)° = 1 \text{ ラジアン}$$

$$\left(\frac{180}{\pi} y\right)° = y \text{ ラジアン}$$

度数法	0°	30°	45°	60°	90°	120°	135°	180°	270°	360°
弧度法	0	$\frac{\pi}{6}$	$\frac{\pi}{4}$	$\frac{\pi}{3}$	$\frac{\pi}{2}$	$\frac{2\pi}{3}$	$\frac{3\pi}{4}$	π	$\frac{3\pi}{2}$	2π
弧の長さ	0	$\frac{\pi}{6}$	$\frac{\pi}{4}$	$\frac{\pi}{3}$	$\frac{\pi}{2}$	$\frac{2\pi}{3}$	$\frac{3\pi}{4}$	π	$\frac{3\pi}{2}$	2π

1-2 相似な直角三角形

三角形にはいろいろな形があるが、1 つの角度が直角な三角形を直角三角形という。

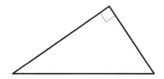

直角三角形にはいろいろな形がある。

斜辺を固定にして、いろいろな直角三角形を描くと、直角をなす頂点は、円周上にある。

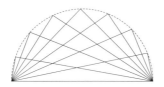

直角を右下に表すと、いろいろな直角三角形は次のようになる。

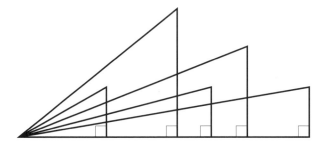

これらの直角三角形の中で、形が同じ、つまり、相似な直角三角形を
取り出してみよう。

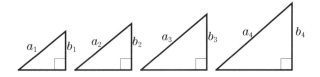

相似な三角形の辺の長さは比例するので、

$$a_1 : b_1 = a_2 : b_2 = a_3 : b_3 = a_4 : b_4$$

となる。

これらの相似な三角形の頂点を同じ位置にし、底辺が同じ直線上にあ
るように移動させてみる。

相似な三角形は 2 つの角度が等しいのであった。直角三角形の場合に
は 1 つは直角で等しいので、もう 1 つの角度が等しければ相似になる。

そこで、等しい角度を合わせて図示すると図のようになる。

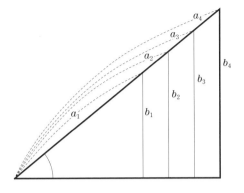

また、比は、順序を逆にしても成り立つ。

$$b_1 : a_1 = b_2 : a_2 = b_3 : a_3 = b_4 : a_4$$

比の値

「比の値」という言葉を覚えているだろうか?

8:4 という比があったとき、「比の値」とは、前の数値を後の数値で割った値、つまり、比の後ろの数値を単位量にしたときの値のことである。

8:4 の比の値とは、$8:4 = x:1$ となる x のことである。あるいは、後ろの量を基準にして、前の項がどの程度の数かを表すといってもよい。

$8:4 = x:1$ を満たす x は、$x = 2$ であるが、これを次のようにも表す。

$$8 : 4 = x : 1 = 2$$

$8:4 = 2$ は、4 をひとまとめに見れば、8 は 4 の 2 つ分、すなわち、「8 は 4 の 2 倍」であることを意味する。

$$8 : 4 = 2 \text{ とはつまり } 8 = 4 \times 2 \quad \text{という意味}$$

8：4の比の値は、8を4で割ったときの「割り算の商」でもある。

このことは、比の値が分数(つまり有理数になってしまうとき)も同じである。

3：5の比の値は、「5を単位にして考えると、3はどのくらいの大きさか」を表し、それは、「3を5で割った分数$\frac{3}{5}$」で表される。

$$3：5 = \frac{3}{5} \text{とはつまり} 3 = 5 \times \frac{3}{5} \quad \text{という意味}$$

一般には、文字を使って次のように表せる。

$$b：a = x \text{とはつまり} b = a \times x \quad \text{という意味}$$

相似な直角三角形を図のように並べるとき、高さと斜辺の長さとの比は等しくなった。

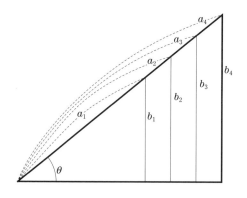

$$b_1 ： a_1 = b_2 ： a_2 = b_3 ： a_3 = b_4 ： a_4$$

サインの定義

前ページの図の直角三角形の角 θ に対して定まる、このような共通の比の値を $\sin\theta$ と表す。ここで初めて「$\sin$（サイン）」が登場してくる。この比の値 $\sin\theta$ は、「斜辺の長さを基準と考えたときに、高さがその何倍であるか」を表している。

サインのことを、日本語で「正弦」ともいう。

$$b_1 : a_1 = \sin\theta \iff b_1 = a_1 \times \sin\theta$$
$$b_2 : a_2 = \sin\theta \iff b_2 = a_2 \times \sin\theta$$
$$b_3 : a_3 = \sin\theta \iff b_3 = a_3 \times \sin\theta$$
$$b_4 : a_4 = \sin\theta \iff b_4 = a_4 \times \sin\theta$$

斜辺の長さを 1 とすれば、比の値 $\sin\theta$ は、高さそのものになる。

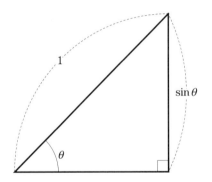

コサイン(cos)の定義も同様にできる。相似な直角三角形の底辺の長さを、図のように c_1、c_2、c_3、c_4 とする。

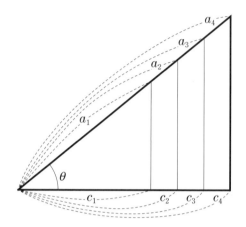

相似な三角形なので、底辺と斜辺の長さの比は等しい。

$$c_1 : a_1 = c_2 : a_2 = c_3 : a_3 = c_4 : a_4$$

このような共通の比の値を $\cos\theta$ と表す。

この比の値 $\cos\theta$ は、「斜辺の長さを基準と考えたときに、底辺がその何倍であるか」を表している。

コサインのことを、日本語で「余弦」という。

$$c_1 : a_1 = \cos\theta \iff c_1 = a_1 \times \cos\theta$$
$$c_2 : a_2 = \cos\theta \iff c_2 = a_2 \times \cos\theta$$
$$c_3 : a_3 = \cos\theta \iff c_3 = a_3 \times \cos\theta$$
$$c_4 : a_4 = \cos\theta \iff c_4 = a_4 \times \cos\theta$$

斜辺の長さを1とすれば、比の値 $\cos\theta$ は、底辺の長さそのものになる。

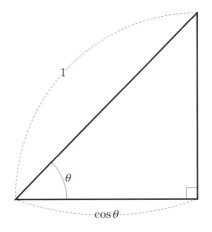

鋭角のサインとコサイン

　ここまで、サインとコサインは直角三角形について考えてきた。けれども、$\sin\theta$ と $\cos\theta$ は角度が定まれば決まるので、直角三角形でなくても考えることができる。図を使って説明しよう。鋭角三角形 A′BC′ に対して、これと相似で、辺 AB の長さが 1 となる三角形 ABC をつくる。これは、辺 A′B の上に、AB = 1 となる点 A をとり、辺 A′C′ と平行になる直線 AC を描けばよい。

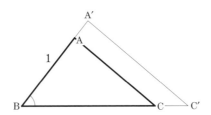

　こうしておいて、頂点 A から辺 BC に垂線を下して、垂線の足を D とし、直角三角形 ABD をつくる。

　直角三角形 ABD は斜辺の長さが 1 なので、高さ AD が角 $\angle B$ のサインとなり、角 $\angle B$ のコサインが辺 BD となる。

$$\sin\angle B = \text{AD}, \qquad \cos\angle B = \text{BD}$$

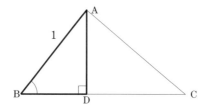

　鋭角三角形の場合、角∠Bに対するサインとコサインを考えるには、このように直角三角形をつくって考えればよい。

鈍角のサインとコサイン

　今度は角∠Bが90°より大きい、鈍角の場合のサインとコサインを考えてみよう。

　AB＝1となる相似の三角形をつくるのは鋭角三角形と同じである。

　ACがA′C′と平行になるように点Cをとる。

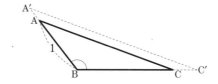

　頂点Aから辺BCに垂線を下し、垂線の足をDとする。直角三角形ABDをつくるのも鋭角三角形と同じだが、直角三角形ABDが三角形の外にはみ出てしまう。

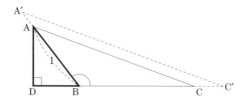

　このとき、鈍角三角形の高さADは、鋭角三角形と同じで、これを鈍角の角∠Bのサインとすればよい。

　しかし、鈍角∠Bのコサインは、BDがBCと反対方向なので、マイ

ナスをつける。角 $\angle B$ のコサインは $-$ BD になる。

$$\sin \angle B = \text{AD}, \qquad \cos \angle B = -\text{BD}$$

このことは、後で円運動を考えると、自然であることがよくわかるのだが、円運動を考えないとこのように面倒なことになってしまう。

サイン・コサインの値

ここで、角度が $0°$ から $180°$ までの角 $t°$ に対するサインの値 $\sin t°$ の変化について調べてみよう。

$90°$ を超えても同じであるが、角度 $t°$ が増えると、高さである $\sin t°$ の値は減少していく。

度数法	0°	10°	20°	30°	40°	50°	60°	70°	80°	90°
サインの値	0	0.17	0.34	0.5	0.64	0.77	0.87	0.94	0.98	1

度数法	90°	100°	110°	120°	130°	140°	150°	160°	170°	180°
サインの値	1	0.98	0.94	0.87	0.77	0.64	0.5	0.34	0.17	0

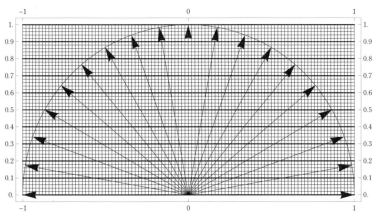

$\cos t°$ の値は、斜辺の長さが 1 のときの底辺の長さである。次の図から、各角度に対する値が読みとれる。

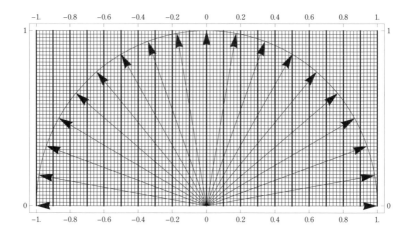

度数法	0°	10°	20°	30°	40°	50°	60°	70°	80°	90°
コサインの値	1	0.98	0.94	0.87	0.77	0.64	0.5	0.34	0.17	0

度数法	90°	100°	110°	120°	130°	140°	150°	160°	170°	180°
コサインの値	0	-0.17	-0.34	-0.5	-0.64	-0.77	-0.87	-0.94	-0.98	-1

$\cos t°$ は、$t°$ が $90°$ を超えるとマイナスの値になることに注意が必要である。

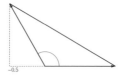

これは次の図のように、座標軸を考えると自然である（三角形だけ見ているとわかりにくいが）。

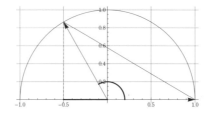

　また、三平方の定理(ピタゴラスの定理)より、(高さ)² ＋ (底辺)²
＝ (斜辺)² であるから、$(\sin\theta)^2 + (\cos\theta)^2 = 1$ となる。

　なお、典型的な直角三角形については次のようになっており、覚えて
おくと便利である。

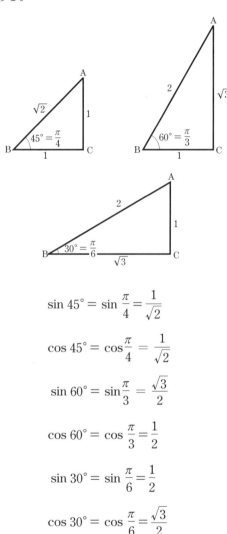

$$\sin 45° = \sin\frac{\pi}{4} = \frac{1}{\sqrt{2}}$$

$$\cos 45° = \cos\frac{\pi}{4} = \frac{1}{\sqrt{2}}$$

$$\sin 60° = \sin\frac{\pi}{3} = \frac{\sqrt{3}}{2}$$

$$\cos 60° = \cos\frac{\pi}{3} = \frac{1}{2}$$

$$\sin 30° = \sin\frac{\pi}{6} = \frac{1}{2}$$

$$\cos 30° = \cos\frac{\pi}{6} = \frac{\sqrt{3}}{2}$$

　三角形の辺と角の間には、いろいろな法則が成り立つ。これらの法則を利用すると、三角形の辺と角について未知の量を計算することができる。これらの法則の代表的なものが、三角形の辺と角度の正弦（サイン）との関係を表す正弦定理と、辺と角度の余弦との関係を表す余弦定理である。ここではこの2つについて述べる。

　正弦定理は、三角形において、各辺の長さ a、b、c と、辺に対する対角 A、B、C のサインとの間に成り立つ定理である。

正弦定理

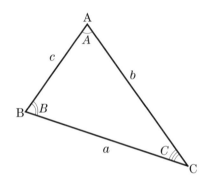

　各辺の長さ a、b、c と、対角の角度のサイン（正弦）が比例し、比例定数は、この三角形に外接する円の直径（半径 R の2倍）$2R$ になる。

$$\frac{a}{\sin A} = \frac{b}{\sin B} = \frac{c}{\sin C} = 2R$$

この式は次のように表しても同じである。

$$a = 2R \sin A$$
$$b = 2R \sin B$$
$$c = 2R \sin C$$

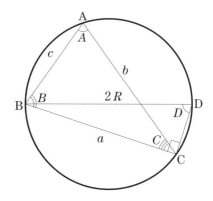

正弦定理の証明を紹介しておこう。

証明

　三角形 ABC が鋭角三角形の場合を示しておく。三角形 ABC が外接円に対し、頂点 B を通る直径を引き BD とする。「1 つの弦の上に立つ円周角はすべて等しい」という円の性質を思い出そう。このことから、∠BAC ＝∠BDC となる。

　円の性質でもう 1 つ「直径の上に立つ円周角は直角である」というのがある。すると角∠BCD は直角で、三角形 DBC は直角三角形になることがわかる。

　直角三角形 DBC において、角∠BDC に対する辺 BC は、直角三角形の高さである。斜辺が 1 のときの高さがサインであったから、斜辺 $2R$ に対する高さは、$2R \sin \angle BDC$ となる。よって BC ＝ $2R \sin \angle BDC$ となる。BC は元の三角形 ABC の角 A の対辺で a であったから、$a = 2R \sin \angle BDC = 2R \sin \angle A = 2R \sin A$ となる。

　他の角度と対辺の長さについても同様であるから、$b = 2R \sin B$、$c = 2R \sin C$ が成り立ち、これで正弦定理が証明された。

正弦定理を応用した例として、三角形の面積 S を求める公式を紹介しよう。

$$S = \frac{abc}{4R}$$

証明

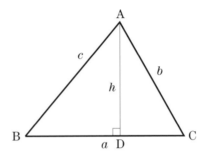

三角形の面積は、$S = \dfrac{1}{2}\,ah$ である。頂点 A から底辺 BC に下ろした垂線の足を D とする。ここで、$h = \text{AD}$ は、直角三角形 ABD の $\angle B$ に対する高さなので、$h = c \sin B$ となる。

そこで、面積 S は、

$$S = \frac{1}{2}\,ac \sin B \tag{1.1}$$

となる。

ところで、正弦定理より、$\dfrac{b}{\sin B} = 2R$ であるから、変形して $\sin B = \dfrac{b}{2R}$ となる。これを式 (1.1) に代入して、

$$S = \frac{1}{2}\,ac \times \frac{b}{2R} = \frac{abc}{4R}$$

が得られる。　　　　　　　　　　　　　　　　　　　　　■

この問題のように、正弦定理を用いると、三角形に関するいろいろな値を求めることができる。

余弦定理

余弦定理は、辺の長さと角のコサイン（cos）との関係を表す定理である。余弦定理には、第一余弦定理と第二余弦定理の 2 つがある。はじめに第一余弦定理を紹介する。

第一余弦定理は、1 つの辺の長さを、他の 2 つの辺の長さと、両端の角度から求める式である。

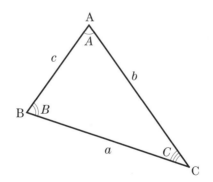

$$a = b \cos C + c \cos B$$
$$b = c \cos A + a \cos C$$
$$c = a \cos B + b \cos A$$

証明

三角形 ABC が鋭角三角形の場合、$0 < B < 90°$、$0 < C < 90°$ となる。

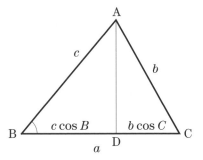

頂点 A から底辺 BC に垂線 AD を下ろす。D は垂線の足である。

直角三角形 ABD において、$BD = AB \cos B = c \cos B$ となり、同様にして直角三角形 ADC において、$DC = AC \cos C = b \cos C$ となる。

$$a = BC = BD + DC \text{ であるから、}$$
$$= c \cos B + b \cos C \text{ となる。}$$

三角形 ABC が鈍角三角形の場合、例えば、$90° < B < 180°$ のとき、頂点 A から、辺 CB の延長線上に垂線 AD を下ろす。

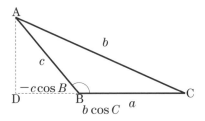

$$a = BC = DC - DB \text{ であるから、}$$
$$= b \cos C + c \cos B \text{ となる。}$$

ここで、$90° < B < 180°$ なので、$\cos B < 0$ であり、$-DB = c \cos B$ となっているので $+ c \cos B$ となっている。

三角形 ABC が直角三角形の場合、例えば $B = 90°$ のときは、$a = b \cos C$ となるが、$\cos B = 0$ なので、$a = c \cos B + b \cos C$ が成り立つといえる。

同様にして、$b = a \cos C + c \cos A$、$c = a \cos B + b \cos A$ も成り立つことが示せる。

以上より、三角形が鋭角三角形でも鈍角三角形でも直角三角形でも「第一余弦定理」が成り立つことがわかった。■

次は、もう1つの第二余弦定理の紹介である。第二余弦定理は、1つの辺の長さを、他の2辺の長さと、対角で表す式である。

第二余弦定理

これは次のように表せる。

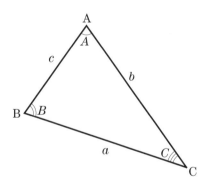

$$\begin{cases} a^2 = b^2 + c^2 - 2bc \cos A \\ b^2 = c^2 + a^2 - 2ca \cos B \\ c^2 = a^2 + b^2 - 2ab \cos C \end{cases}$$

これは、各辺が、他の2つの辺とその辺に対する角度のコサインから求められることを意味している。

この定理の証明を紹介しておこう。

証明

はじめに∠Aが鋭角の場合を調べる。Aが鋭角だと、点Bから辺ACへ垂線BD（垂線の足をDとする）を引くと、Dは辺ACの中に入る。

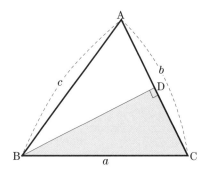

図の水色の部分の直角三角形に三平方の定理（ピタゴラスの定理）を使うと、

$$BC^2 = BD^2 + DC^2 \tag{1.2}$$

となる。

ここで、直角三角形 ABD において、BD = AB $\sin A$ = $c \sin A$、AD = AB $\cos A$ = $c \cos A$ となり、CD = AC − AD = $b - c \cos A$ となる。

これらを式(1.2)に代入すると、

$$\begin{aligned}
a^2 &= (c \sin A)^2 + (b - c \cos A)^2 \\
&= c^2 \sin^2 A + b^2 - 2bc \cos A + c^2 \cos^2 A \\
&= c^2(\sin^2 A + \cos^2 A) + b^2 - 2bc \cos A \\
&= c^2 + b^2 - 2bc \cos A \\
&= b^2 + c^2 - 2bc \cos A
\end{aligned}$$

次に∠Aが鈍角の場合を調べる。Aが鈍角だと、点Bから辺ACへ垂線BD（垂線の足をDとする）を引くと、Dは辺ACの延長線に入る。

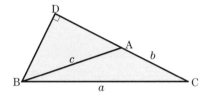

　図の水色の部分の直角三角形に三平方の定理（ピタゴラスの定理）を使うと、

$$BC^2 = BD^2 + DC^2$$

となる。

　ここで、直角三角形 ABD において、$BD = AB \sin A = c \sin A$、$AD = AB \cos(180° - A) = - c \cos A$ となり、$CD = AC + AD = b - c \cos A$ となる。

　これらを、$BC^2 = BD^2 + DC^2$ に代入すると、

$$
\begin{aligned}
a^2 &= (c \sin A)^2 + (b - c \cos A)^2 \\
&= c^2 \sin^2 A + b^2 - 2bc \cos A + c^2 \cos^2 A \\
&= c^2 (\sin^2 A + \cos^2 A) + b^2 - 2bc \cos A \\
&= c^2 + b^2 - 2bc \cos A \\
&= b^2 + c^2 - 2bc \cos A
\end{aligned}
$$

となる。

　$A = 90°$ の場合は、D は A と一致し、三平方の定理から $a^2 = b^2 + c^2$ となるが、$\cos A = 0$ なので、$a^2 = b^2 + c^2 - 2bc \cos A$ と表せる。

　これらを合わせると、角 A が鋭角でも直角でも鈍角でも、$a^2 = b^2 + c^2 - 2bc \cos A$ が成り立つ。

　頂点の名前 A、B、C と辺の記号 a、b、c を入れ替えれば、$b^2 = c^2 + a^2 - 2ca \cos B$ と、$c^2 = a^2 + b^2 - 2ab \cos C$ が成り立つこともわかる。

これで第二余弦定理の証明ができた。

なお、式を変形して次のように表すこともできる。

$$\begin{cases} \cos A = \dfrac{b^2 + c^2 - a^2}{2bc} \\[2mm] \cos B = \dfrac{c^2 + a^2 - b^2}{2ca} \\[2mm] \cos C = \dfrac{a^2 + b^2 - c^2}{2ab} \end{cases}$$

これは、辺の長さがわかれば、対応する角度はそのコサインが求められることを意味している。

第二余弦定理を使うと、三角形において、2辺とその間の角度がわかれば、残りの辺の長さが求められる。例えば次の例題で調べてみよう。

例題 1-1

三角形の2辺の長さが3と4で、その間の角度が60°であるとき、残りの辺の長さ x を求めよ。

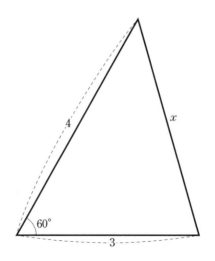

解答

第二余弦定理をそのまま使う。

$$x^2 = 4^2 + 3^2 - 2 \times 4 \times 3 \times \cos 60°$$
$$= 16 + 9 - 2 \times 4 \times 3 \times \frac{1}{2}$$
$$= 25 - 12$$
$$= 13$$

$$x = \sqrt{13}$$

例題 1-2

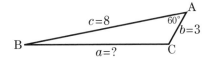

$b = 3$、$c = 8$、その間の角度が $A = 60°$ のとき、a を求めよ。

解答

$a^2 = b^2 + c^2 - 2bc \cos A$ に、$b = 3$、$c = 8$、$\cos 60° = \frac{1}{2}$ を代入する。

$$a^2 = 3^2 + 8^2 - 2 \times 3 \times 8 \times \frac{1}{2} = 9 + 64 - 24 = 49$$

より、$a = \sqrt{49} = 7$　と求められる。

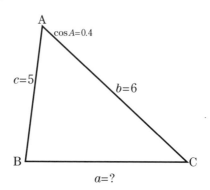

三角形の 2 辺の長さが $b = 6$、$c = 5$ で、それらの辺に挟まれる角度 A のコサインが、$\cos A = 0.4$ であるとき、a を求めよ。

（答えは 240 ページ）

また、三角形の 3 辺の長さがわかれば、角度のコサインが、さらには角度が求められる。

例題 1-3

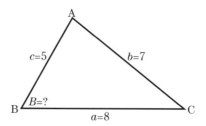

$a = 8$、$b = 7$、$c = 5$ のとき、角 B の大きさを求めよ。

解答

$$\cos B = \frac{a^2 + c^2 - b^2}{2ac} = \frac{8^2 + 5^2 - 7^2}{2 \times 8 \times 5} = \frac{1}{2}$$

より、$B = 60°$ であることがわかる。

演習問題 1-2

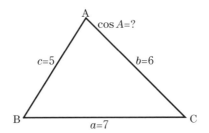

三角形の 3 辺の長さが $a = 7$、$b = 6$、$c = 5$ であるとき、$\cos A$ の値を求めよ。また 28 ページの図を用いて、角度 A のおよその値を求めよ。 （答えは 240 ページ）

三角形の 3 辺の長さから面積を求める便利な公式がある。「ヘロンの公式」と呼ばれるもので、次のように表せる。三角形の 3 辺の長さを a、b、c とする。$s = \dfrac{a + b + c}{2}$ と置く。このとき、三角形の面積 S は次の式で表せる。

$$S = \sqrt{s(s - a)(s - b)(s - c)}$$

証明

三角形の面積は、$S = \dfrac{1}{2} ab \sin C$ で求められる（a が底辺、高さが $b \sin C$ であるから）。$\sin C$ を $\cos$ で表して、第二余弦定理を使い、a、b、c で表せばよい。

$$S = \frac{1}{2}\,ab\sin C$$

$$= \frac{1}{2}\,ab\,\sqrt{(1 - \cos^2 C)}$$

$$= \frac{1}{2}\,ab\,\sqrt{1 - \left(\frac{a^2 + b^2 - c^2}{2ab}\right)^2}$$

$$= \frac{1}{4}\sqrt{(2ab)^2 - (a^2 + b^2 - c^2)^2}$$

$$= \frac{1}{4}\sqrt{(2ab + a^2 + b^2 - c^2)(2ab - a^2 - b^2 + c^2)}$$

$$= \frac{1}{4}\sqrt{((a + b)^2 - c^2))(c^2 - (a - b)^2)}$$

$$= \frac{1}{4}\sqrt{(a + b + c)(a + b - c)(c + a - b)(c - a + b)}$$

$$= \frac{1}{4}\sqrt{2s(2s - 2c)(2s - 2b)(2s - 2a)}$$

$$= \sqrt{s(s - a)(s - b)(s - c)}$$

■

一般の三角関数

　直角三角形から三角関数を定義するやり方では、角度に制限があった。90°や、せいぜいが180°までである。しかし、三角関数を、電気の信号や波の運動を表すために使うときには不便である。三角関数を応用する立場からは、角度が限定されていては不便である。

　そこで、角度が180°を超えても意味があるように定義しなおす必要がある。その方法は、これまでも扱ってきたように、2次元の平面上における円を使うのである。

　円運動における円上の点の x 座標や y 座標を三角関数の定義として採用するのである。これならば、円運動が何周しようと定義できる。逆回転して、マイナスでも意味がある。

2-1 三角形から円運動へ

　三角形の角度は 0° から 180° までである。この範囲だけのサインやコサインでは不便になることが多い。サインとコサインは物理や化学の分野で、ときには経済学でもよく使われる。サインやコサインを音や電気信号などいろいろな周期変動する波などの現象に応用するためには、角度を 180° を超えて定義しておく必要がある。

　そのためには、鈍角のコサインを考えたときに座標を考えたのと同様、半径が 1 の円(単位円という)上の点の動きを調べると便利である。

　点 P が、単位円の上を動いていくとき、動いていく半径 OP を動径という。単位円上の点の位置は、角度を決めると定まる。このとき、角度 θ のときの単位円上の点の y 座標を $\sin\theta$, x 座標を $\cos\theta$ と定めるのである。

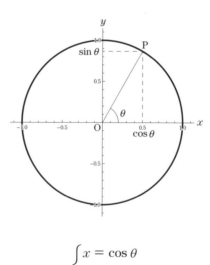

$$\begin{cases} x = \cos\theta \\ y = \sin\theta \end{cases}$$

こうすれば、第1章で扱ったような直角三角形の場合のサインとコサインの定義に合致している。これで、角度が 180° を超えても定義できることになる。角度がマイナスでも定義できる。

図で表してみると、点 P が第 1 象限にあるときは、$y = \sin\theta$ も $x = \cos\theta$ も正の値である。

$$y = \sin\theta > 0 \qquad x = \cos\theta > 0$$

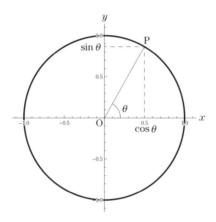

点 P が第 2 象限にあるときは、$y = \sin\theta$ は正の値であり、$x = \cos\theta$ は負の値である。

$$y = \sin\theta > 0 \qquad x = \cos\theta < 0$$

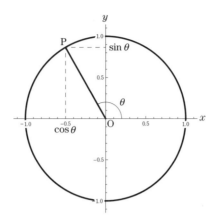

　点Pが第3象限にあるときは、$y = \sin\theta$ は負の値であり、$x = \cos\theta$ も負の値である。

$$y = \sin\theta < 0 \qquad x = \cos\theta < 0$$

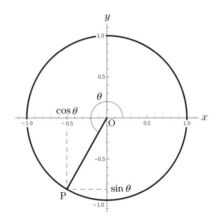

　点Pが第4象限にあるときは、$y = \sin\theta$ は負の値であり、$x = \cos\theta$ は正の値である。

$$y = \sin\theta < 0 \qquad x = \cos\theta > 0$$

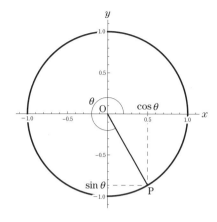

一般角

　円運動とサイン、コサインを考えていくと、動径と x 軸の正の方向とのなす角は $360°$ より大きくてもよいし、マイナスでもよいことになってくる。

　このように考えた角度を一般角という。そして、1回転以上して動径が同じ位置に来たら、x 座標と y 座標は同じ値になる。このことを式で表すと次のようになる。$t° = s$ ラジアン、n は整数とする。

$$\theta = t° + 360° \times n = s + 2\pi \times n$$
$$\sin(t° + 360° \times n) = \sin t°$$
$$\cos(t° + 360° \times n) = \cos t°$$
$$\sin(s + 2\pi \times n) = \sin s$$
$$\cos(s + 2\pi \times n) = \cos s$$

　一般角のサインとコサインの値は、次の図から読み取れる。

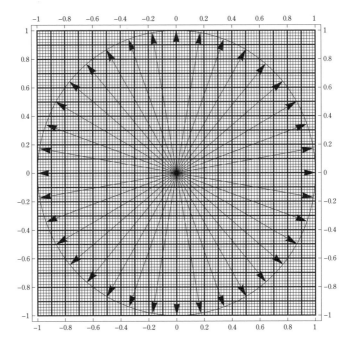

角度が180°から270°の間にあるときは、次のようになる。

$t°$	180°	190°	200°	210°	220°	230°	240°	250°	260°	270°
$\sin t°$	0	-0.17	-0.34	-0.5	-0.64	-0.77	-0.87	-0.94	-0.98	-1
$\cos t°$	-1	-0.98	-0.94	-0.87	-0.77	-0.64	-0.5	-0.34	-0.17	0

角度が270°から360°の間にあるときは、次のようになる。

$t°$	270°	280°	290°	300°	310°	320°	330°	340°	350°	360°
$\sin t°$	-1	-0.98	-0.94	-0.87	-0.77	-0.64	-0.5	-0.34	-0.17	0
$\cos t°$	0	0.17	0.34	0.5	0.64	0.77	0.87	0.94	0.98	1

また、$\sin(-\theta) = -\sin\theta$、$\cos(-\theta) = \cos\theta$ もわかるだろう。

sin θ と cos θ との関係

　サインとコサインの値の変化を見ていると、両者の間には一定の関係があることに気がつくだろう。例えば、$\sin 75° = 0.966 = \cos 15°$ となっている。一般に、$\sin \theta = \cos(90° - \theta)$ となっているのだろうか？　これが一般に成り立つことは、次の図を見れば理解できるだろう。

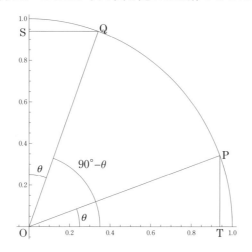

　この図は次のように描かれている。直角三角形 POT と合同な三角形 QOS を描く。OS = OT、∠QOS = ∠POT、QO = PO = 1 などとなっている。また、Q が x 軸の正の方向となす角度は、$90° - \theta$ である。

　Q の高さつまり Q の y 座標は、OS と等しいので、$\sin(90° - \theta) = $ OS = OT = $\cos \theta$ となる。

　同様に、Q の x 座標は QS と等しいので、$\cos(90° - \theta) = $ QS = PT = $\sin \theta$ となる。

　以上をまとめると次のようになる。

$$\begin{cases} \sin(90° - \theta) = \cos \theta \quad \text{弧度法で表すと } \sin\left(\dfrac{\pi}{2} - \theta\right) = \cos \theta \\ \cos(90° - \theta) = \sin \theta \quad \text{弧度法で表すと } \cos\left(\dfrac{\pi}{2} - \theta\right) = \sin \theta \end{cases} \quad (2.1)$$

$t°$(弧度法でs)に対して、$90° - t°$(弧度法で$\frac{\pi}{2} - s$)を、「$t°$(s)の余角」
というが、この用語を使うと次のようにも表せる。

$$\sin(t°\text{の余角}) = \cos t°$$
$$\cos(t°\text{の余角}) = \sin t°$$

$$\sin(s\text{の余角}) = \cos s$$
$$\cos(s\text{の余角}) = \sin s$$

　実は、$\sin\theta$ と $\cos\theta$ の間には、もう一つ重要な関係が成り立っている。
それは、

$$\sin^2\theta + \cos^2\theta = 1$$

である。

　この関係式が成り立つことは、直角三角形に関する三平方の定理から
容易に導ける。三平方の定理とは、直角三角形の3つの辺の長さを a、b、
c（斜辺）とすると、

$$a^2 + b^2 = c^2$$

が成り立つことである。

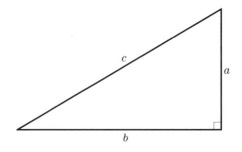

　$\sin\theta$ と $\cos\theta$ は、直角三角形において、斜辺が1（半径が1の円周上）

のときの高さ（y 座標）と底辺の長さ（x 座標）であったから、一般の三平方の定理において、$a = \sin\theta$、$b = \cos\theta$、$c = 1$ とすればよい。

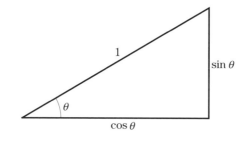

$$(\sin\theta)^2 + (\cos\theta)^2 = 1$$
$$\sin^2\theta + \cos^2\theta = 1$$

ここで、三角関数の 2 乗や 3 乗は、$(\sin\theta)^2 = \sin^2\theta$、$(\cos\theta)^2 = \cos^2\theta$ や、$(\sin\theta)^3 = \sin^3\theta$、$(\cos\theta)^3 = \cos^3\theta$ と表すのが普通であることに注意しておこう。$\sin^2\theta$ を $(\sin\theta)^2$ と表しても間違いではないし、まったく問題がないことも覚えておこう。好きなほうを使ってよい。

$\sin\theta$ と $\cos\theta$ の関係を次のように変形すると、$\sin\theta$ は $\cos\theta$ で表せ、$\cos\theta$ は $\sin\theta$ で表せるので、一方の値がわかれば他方の値も求められる。

$$\sin^2\theta = 1 - \cos^2\theta \qquad \sin\theta = \pm\sqrt{1 - \cos^2\theta}$$
$$\cos^2\theta = 1 - \sin^2\theta \qquad \cos\theta = \pm\sqrt{1 - \sin^2\theta}$$

$\pm$ は、一般には両方ありうるが、θ が第何象限の角度かが決まればどちらかに定まる。

例えば、θ が第 3 象限の角度で、$\cos = -0.3$ のときは、$y = \sin\theta < 0$ なので、$\sin\theta$ は次のように求められる。

$$\sin\theta = -\sqrt{1-(-0.3)^2} = -\frac{\sqrt{91}}{10} \fallingdotseq -0.953939$$

θ が第 2 象限の角度で、$\sin\theta = 0.7$ のときは $x = \cos\theta < 0$ なので、$\cos\theta$ の値は次のように求められる。

$$\cos\theta = -\sqrt{1-0.7^2} = -\frac{\sqrt{51}}{10} \fallingdotseq -0.714143$$

上の計算では、小数の値はいずれも小数第 7 位を四捨五入してある。

例題 2-1

次の値を求めよ。

$$\sin 120° = \sin\frac{2\pi}{3}$$

$$\cos 120° = \cos\frac{2\pi}{3}$$

$$\sin 225° = \sin\frac{5\pi}{4}$$

解答

$\sin 120° = \sin\dfrac{2\pi}{3}$ は、$\dfrac{2\pi}{3}$ は第 2 象限の角度なので、$\sin 120° > 0$、

$\cos 120° < 0$ となる。

このことに注意すれば、あとは図から求められる。

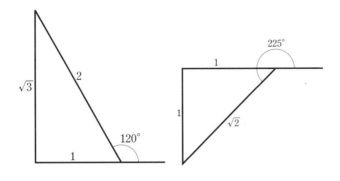

$$\sin 120° = \sin \frac{2\pi}{3} = \frac{\sqrt{3}}{2}$$

$$\cos 120° = \cos \frac{2\pi}{3} = -\frac{1}{2}$$

$$\sin 225° = \sin \frac{5\pi}{4} = -\frac{1}{\sqrt{2}}$$

--- 演習問題 2-1 ---

次の値を求めよ。

$$\cos 225° = \cos \frac{5\pi}{4}$$

$$\sin 330° = \sin \frac{11\pi}{6}$$

$$\cos 330° = \cos \frac{11\pi}{6} \qquad (答えは 241 ページ)$$

例題 2-2

$\sin 48° = 0.743145$ を使って、$\cos 42°$ と $\cos 48°$ の値を求めよ。

解答

$\cos 42° > 0$ であり、$\cos 48° > 0$ であるから、$\cos 42°$

$= \cos(90° - 48°) = \sin 48° = 0.743145$

$$\cos 48° = \sqrt{1 - \sin^2 48°} = \sqrt{0.447736} ≒ 0.669131$$

演習問題 2-2

$\cos 13° = 0.97437$ を使って、$\sin 77°$ と $\sin 13°$ の値を求めよ。

（答えは 242 ページ）

2-2 三角関数のグラフ

$y = x^2$ という関数については、そのグラフが放物線であり、このことが、面積の問題や、落体の運動など力学の問題、その他、物理や化学の問題を考えるのに役に立った。同じように、今度は、サインやコサインの関数のグラフを調べてみよう。はじめに、関数のグラフはどのようにつくられるか、関数 $y = f(x) = x^2$ で思い出しておこう。

動く x の値を、x 軸上にとる。$0 \leqq x \leqq 2$ の範囲のグラフを描いてみよう。x 軸上の点 $(x, 0)$ において、高さが $y = x^2$ の棒を立てる。このような棒を、$x = 0$ から $x = 2$ まで、x の値を 0.05 刻みにとったのが次の図(左)である。ここで刻み幅をどんどん小さくしていくと、棒の間隔が小さくなり密集してくる。刻み幅を 0.02 にした場合が中央の図である。

ここで、棒の先端の点を結ぶと、次第に滑らかな曲線になっていく。この曲線が関数 $y = x^2$ のグラフ(右側の図)であった。

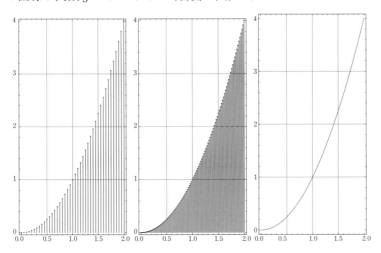

第2章 一般の三角関数

55

関数＝$\sin t$ のグラフを描くときも同じ作業をすればよい。各 t の値に対して、$y = \sin t$ は、単位円における動径の高さであった。この同じ高さを角 t の値のところに棒を立てればよい。$0° \leqq t \leqq 90°$ の範囲でこの作業を行なうと、次の図のようになる。5°刻みに点をとると次のようなグラフになる。

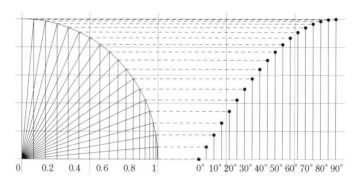

2°刻みに点をとると次のようなグラフになる。

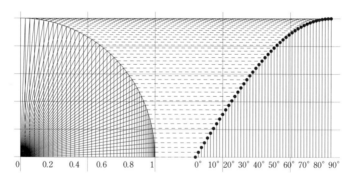

棒の先端を結んで滑らかな曲線にすると次のようになる。

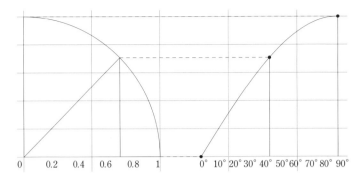

さらに 90°までででなく、1回転して 360°まで動かしてみると次のよう
なグラフになる。

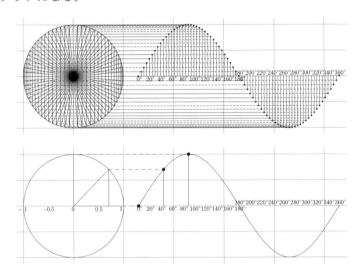

例題 2-3

(1)　関数 $y = 3\sin t$ のグラフを描け。

(2)　関数 $y = \sin t + 2$ のグラフを描け。

解答

(1) y 方向に上下 3 倍に伸びたグラフになる。

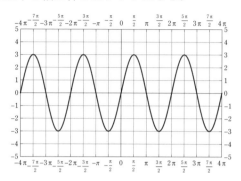

(2)　全体として y 方向へ 2 だけ平行移動したグラフになる。

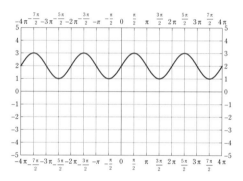

─ 演習問題 2-3 ─

(1)　関数 $y = 2\sin t$ のグラフを描け。

(2)　関数 $y = \sin t + 1$ のグラフを描け。　（答えは 242 ページ）

$x = \cos t$ のグラフ

(2.1)式から、$\cos t°$ の値を求めるには、$\sin(90° - t°)$ の値を取ればよい。例えば、$\cos 10°$ の高さに、$\sin 80°$ の高さを取ればよい。次のようなグラフになる。

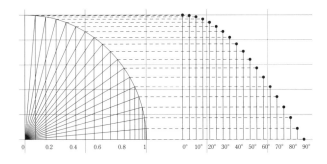

$0° \leqq t \leqq 360°$ の範囲では次のようになる。

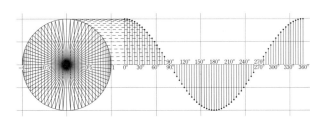

棒の先端を結んで滑らかな曲線にすると次のようになる。

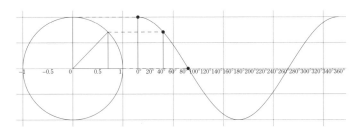

一般角のグラフ

　角度の範囲を一般角として、$-360° \leqq t° \leqq 720°$ の範囲で $y = \sin t°$ のグラフを描くと次のようになる。

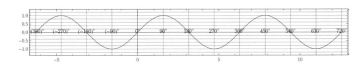

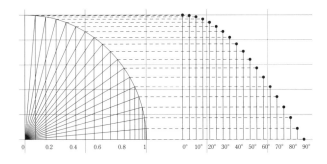

角度の範囲を一般角として、弧度法で $-\pi \leqq t \leqq 4\pi$ の範囲で $y = \sin t$ のグラフを描くと次のようになる。

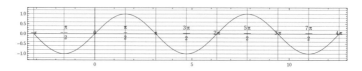

角度の範囲を一般角として、$-360° \leqq t° \leqq 720°$ の範囲で $y = \cos t°$ のグラフを描くと次のようになる。

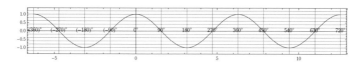

角度の範囲を一般角として、弧度法で $-\pi \leqq t \leqq 4\pi$ の範囲で $y = \cos t$ のグラフを描くと次のようになる。

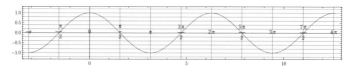

周期と振幅

三角関数の周期

$y = f(x) = \sin x$ のグラフを見ると、$x = 2\pi$ 以降は、$0 \leqq x \leqq 2\pi$ と同じグラフがあらわれてくる。式で表すと次のようになる。

$$f(x + 2\pi) = f(x)$$

このような性質がある関数を「周期関数」といい、三角関数の 2π のような数値を「周期」という。

すなわち、一般に、関数 $y = f(x)$ が周期関数であるとは、次の式が成り立つ p が存在するときである。

$$f(x + p) = f(x)$$

このような p の中で正の最小の数値を「周期」と呼ぶのである。

ところで、$y = \sin 2x$ のグラフは、次のようになる。

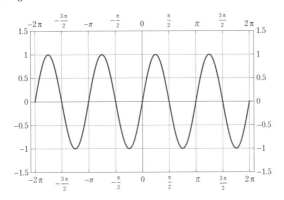

周期が π になっていることがわかる。これを式の上で考えれば、$\sin x$ の周期は、$x = 2\pi$ が周期であるから、$\sin x$ は、$x = x + 2\pi$ のとき $\sin x$ と同じになる。$\sin(x + 2\pi) = \sin x$。

よって、$\sin 2x$ の周期は、$2x = 2\pi$ となるときの x、すなわち

$x = \dfrac{2\pi}{2} = \pi$ が周期となる。

一般には、$y = \sin bx$ の周期は、$bx = 2\pi$ となるときの x、すなわち

$x = \dfrac{2\pi}{b}$ が周期となる。

例えば、次の図のように、$y = \sin 5x$ の周期は $x = \dfrac{2\pi}{5}$ となる。

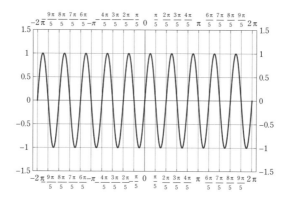

三角関数の振幅

$y = 3 \sin x$ のグラフは次のようになる。比較しやすいように、$y = \sin x$ のグラフと両方描いてある。

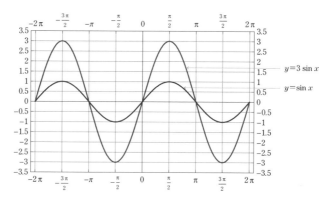

$y = 3 \sin x$ y=3 sin x
$y = \sin x$ y=sin x

$y = 3 \sin x$ は、y の値が取りうる範囲が $-3 \leqq y \leqq 3$ で、$y = \sin x$ の取りうる値の $-1 \leqq y \leqq 1$ に対して、y 方向に 3 倍に伸びていることがわかる。この値を「三角関数の振幅」という。

一般に、$y = a \sin x$ の振幅は a である。

周期と振幅を合わせて、$y = a \sin bx$ の周期は $\dfrac{2\pi}{b}$、振幅は a である。例えば、$y = 2 \sin 3x$ の周期は $\dfrac{2\pi}{3}$、振幅は 2 であり、グラフは次のようになる。

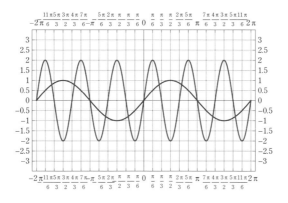

等速円運動と単振動

　半径が A の円周上を等速で回転する点 P があるとしよう。点 P は最初は角度 β の位置にいて、そこから毎秒回転する角度が一定で ω とすると、t 秒後の角度は $\theta = \theta(t) = \beta + \omega t$ である。

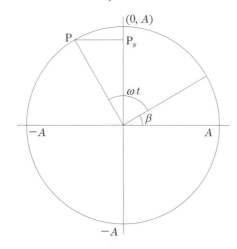

　t 秒後の点 P の y 座標は $y = A \sin (\beta + \omega t)$ と表せる。点 P を真横から y 軸上に影を落とした点 P_y の y 座標とも考えられる。点 P_y は、A と $-A$ の間を行ったり来たり規則的な移動をする。このような動きを

「単振動」という。この動きは、糸でコインを結び糸の端を固定して揺らしたときの運動と同じであるが、どうして単振動と同じ式になるのかは、「物理的な考察」を経てからでないと説明できないので、ここでは省略する。

単振動の例で、$y = 5 \sin (0.5t + 0.3)$ のグラフを描くと次のようになる。参考までに $y = \sin t$ のグラフも同時に描いておく。

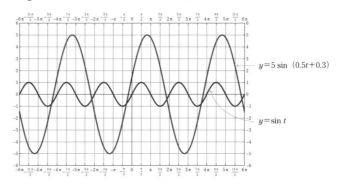

2-3 他の三角関数とグラフ

　半径が1の単位円上の点Pのx座標とy座標がコサインとサインで、$x = \cos\theta$、$y = \sin\theta$であった。ここでもう1つの三角関数を紹介しよう。動径OPの「傾き」のことを$\tan\theta$と表し、「タンジェント」と呼ぶ。直線の「傾き」とは、x方向へ1行ったときのy座標の値のことであるから、次の図のように、$\tan\theta$は点$(1, 0)$における動径の延長線との交点Qのy座標でもある。

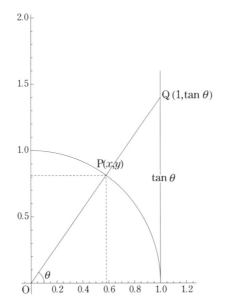

　図から角度を与えてタンジェントの値を読み取るには、次のような図をつくっておけばよい。

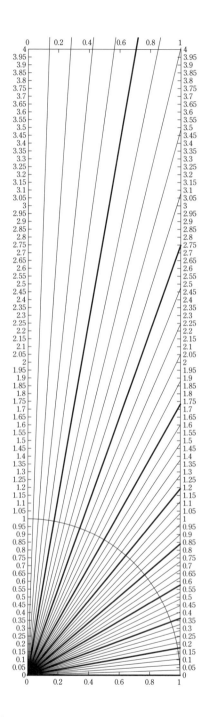

$\tan\theta = \dfrac{\sin\theta}{\cos\theta}$ であったが、分母と分子を入れ替えた三角関数もあり、コタンジェントと呼ばれて次のように表す。

$$\cot\theta = \frac{\cos\theta}{\sin\theta} = \frac{1}{\tan\theta}$$

$y = \cot\theta$ のグラフは次のようになる。

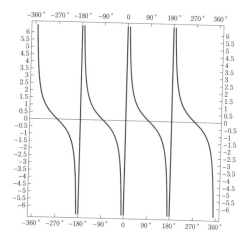

角度を弧度法で表しても同じである。

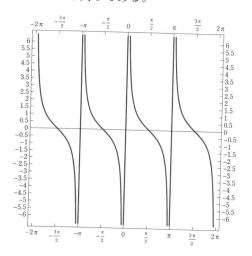

また、割り算には「1当たり量」を求める意味があった。例えば、5人に20個の果物を配るとき、「1人当たり何個？」を求めるのが20÷5＝4で、「1人当たり4個の果物」を配ればよかった。この意味は数値が1より小さくなっても同じで、直線の傾きで考えると、例えば、原点O（0，0）と点P（0.3，0.6）を結ぶ直線の傾き、すなわち横に1行ったときの高さは、$\dfrac{0.6}{0.3}$ という割り算で求められる。それと同じで、原点O(0,0)と単位円周上の点P(x，y)とを結ぶ直線の傾きは $\dfrac{y}{x}$ で求められる。

というわけで、原点O(0，0)と角度 θ で定まる単位円周上の点P(x，y)＝($\cos\theta$，$\sin\theta$)を結ぶ動径の傾きは、$\dfrac{y}{x} = \dfrac{\sin\theta}{\cos\theta}$ でも表せる。すなわち次の式が成り立つ。

$$\tan\theta = \frac{\sin\theta}{\cos\theta}$$

$\theta = 90°$ のときには動径は y 軸の上に来てしまうので、その傾きは存在しない(無限大∞ともいえるが)。

さらに、$90° < \theta < 180°$ のときには動径の傾きはマイナスとなる。

$180° < \theta < 270°$ のときには動径の傾きは再びプラスとなる。

$270° < \theta < 360°$ のときには動径の傾きは再びマイナスとなる。

これらの様子は次の図からわかるであろう。

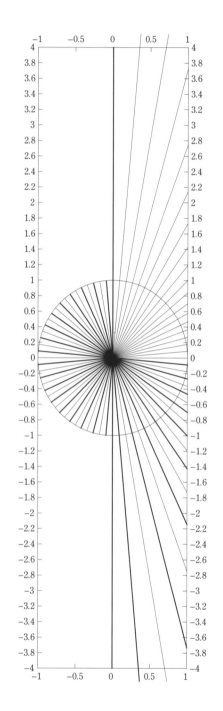

また、横軸に角度 $x = \theta°$ をとり、縦軸に $y = \tan\theta°$ をと
は次のようになる。

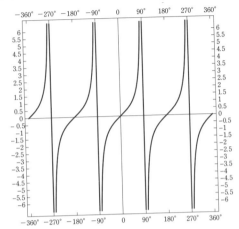

角度を弧度法で表しても同様である。

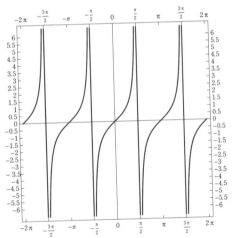

$\tan\theta$ のグラフは $\theta° = \pm 90°$、$\pm 270°$ のところ、弧度法で

$\theta = \pm\dfrac{\pi}{2}$、$\pm\dfrac{3\pi}{2}$ のところで無限大 ∞ または無限小 $-\infty$ となってい

同じようにして、サインの逆数はコセカントと呼ばれて cosec または csc で表し、次のようになる。

$$\operatorname{cosec} \theta = \csc \theta = \frac{1}{\sin \theta}$$

$y = \csc \theta$ のグラフは次のようになる。分母の $\sin \theta$ が 0 になるところでは定義されない。

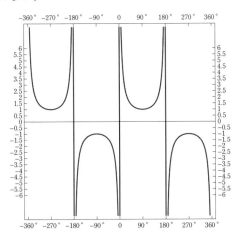

角度を弧度法で表しても同じである。

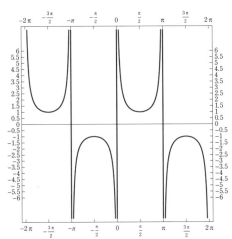

同じようにして、コサインの逆数はセカントと呼ばれて sec で表し、次のようになる。

$$\sec \theta = \frac{1}{\cos \theta}$$

$y = \sec \theta$ のグラフは次のようになる。分母の $\cos \theta$ が 0 になるところでは定義されない。

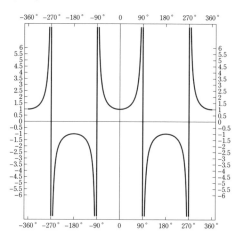

角度を弧度法で表しても同じである。

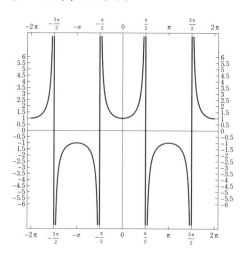

例題 2-4

次の式が成り立つことを証明せよ。

$$1 + \tan^2 \theta = \sec^2 \theta$$

解答

$\tan \theta$ を定義通りに $\sin \theta$ と $\cos \theta$ で表せば導ける。

途中で、$\sin^2 \theta + \cos^2 \theta = 1$ を用いている。

$$\begin{aligned}
1 + \tan^2 \theta &= 1 + \left(\frac{\sin \theta}{\cos \theta} \right)^2 \\
&= 1 + \frac{\sin^2 \theta}{\cos^2 \theta} \\
&= \frac{\cos^2 \theta + \sin^2 \theta}{\cos^2 \theta} \\
&= \frac{1}{\cos^2 \theta} \\
&= \sec^2 \theta
\end{aligned}$$

--- 演習問題 2-4 ---

$\cos \theta = 0.4$ のとき、$\tan \theta$ の値を求めよ。 （答えは 243 ページ）

例題 2-5

次の式を証明せよ。

(1) $\cot \left(\dfrac{\pi}{2} - \theta \right) = \tan \theta$

(2) $\tan(-\theta) = -\tan \theta$、$\cot(-\theta) = -\cot \theta$

解答

cot θ を定義通りに $\sin\theta$ と $\cos\theta$ で表せば導ける。

(1)　$\cot\left(\dfrac{\pi}{2}-\theta\right)=\dfrac{\cos\left(\dfrac{\pi}{2}-\theta\right)}{\sin\left(\dfrac{\pi}{2}-\theta\right)}=\dfrac{\sin\theta}{\cos\theta}=\tan\theta$

$\tan\theta$ を定義通りに $\sin\theta$ と $\cos\theta$ で表せば導ける。

(2)　$\tan(-\theta)=\dfrac{\sin(-\theta)}{\cos(-\theta)}=\dfrac{-\sin\theta}{\cos\theta}=-\tan\theta$

$\cot(-\theta)=\dfrac{\cos(-\theta)}{\sin(-\theta)}=\dfrac{\cos\theta}{-\sin\theta}=-\cot\theta$

演習問題 2-5

次の式を証明せよ。

(1)　$\cot\theta=\tan\left(\dfrac{\pi}{2}-\theta\right)$、$\tan\theta=\cot\left(\dfrac{\pi}{2}-\theta\right)$

(2)　$\tan(\pi-\theta)=-\tan\theta$、$\cot(\pi-\theta)=-\cot\theta$

（答えは 244 ページ）

ここで、第 1 章のはじめに紹介した、木の高さを求める問題を解いておこう。

再掲すると、「図のように、木から水平に 10m 離れたところから、目の高さが BD = 1.5m の人が木を見たとき、仰角（水平から上部への角度∠ABC）が 40°であったとする。これだけの情報から、木の高さ AE を求めようというのである。」

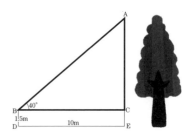

直角三角形で、底辺が 1 のときの高さが tan であるから、底辺が 10m のときの木の高さは、10 × tan 40°で求められる。

　tan 40°を 66 ページの図から読み取ると、tan 40°≒ 0.84 であるから、AC = 10 × 0.84 = 8.4 である。これに目の高さ 1.5m を足せば木の高さが得られる。

$$8.4 + 1.5 = 9.9$$

木の高さは 9.9m であることがわかる。

第 3 章

加法定理

ここでは、重要な公式である「加法定理」について述べる。加法定理は、三角関数のたくさんある公式の中でも最も重要な公式である。

加法定理からは、三角関数の重要な公式が次々に導かれる。

例えば、2倍角の公式や3倍角の公式、半角の公式、さらには三角関数の和を積に直す公式や、反対に積を和差に直す公式が導かれる。

3-1 加法定理とその証明

　一般角 α、β について、加法定理は次のような式で表される。この式は重要なので記憶した方がいいのだが、そのまま覚えてもよいし、「語呂合わせ」で覚えてもよい。有名な語呂合わせを紹介しておく。

定理

$$\sin(\alpha + \beta) = \sin\alpha\cos\beta + \cos\alpha\sin\beta$$
$$ = \text{サイン・コサイン プラス コサイン・サイン}$$
$$ = \text{咲いたコスモス、コスモス咲いた}$$
$$\sin(\alpha - \beta) = \sin\alpha\cos\beta - \cos\alpha\sin\beta$$
$$ = \text{サイン・コサイン マイナス コサイン・サイン}$$
$$ = \text{咲いたコスモス、コスモス咲かない}$$
$$\cos(\alpha + \beta) = \cos\alpha\cos\beta - \sin\alpha\sin\beta \qquad (3.1)$$
$$ = \text{コス・コス マイナス サイン・サイン}$$
$$ = \text{コスモス・コスモス咲かない咲かない}$$
$$\cos(\alpha - \beta) = \cos\alpha\cos\beta + \sin\alpha\sin\beta \qquad (3.2)$$
$$ = \text{コス・コス プラス サイン・サイン}$$
$$ = \text{コスモス・コスモス咲いた咲いた}$$

証明

　この定理の証明が 1999 年に東京大学の入学試験の問題として出題された。加法定理は高校の教科書にも証明が載っているが、教科書に載っているような問題が東大で出題されたとして話題になった。

証明の方法はいろいろあるが、ここでは α、β が一般角であることを考えて証明する方法を紹介する。一般角は $0 \leqq \theta \leqq 2\pi$ となる角度としてもよい。すると次のように図示できる。

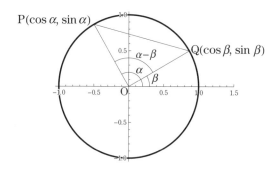

　ここでの証明の仕方は、線分 PQ の長さの 2 乗を 2 通りの方法で表して、等しいと置くのである。

　はじめに、座標平面上の 2 点 P $(x_1,\ y_1)$ と Q $(x_2,\ y_2)$ の距離の 2 乗が $(x_1 - x_2)^2 + (y_1 - y_2)^2$ で表されることを使う。

$$
\begin{aligned}
\mathrm{PQ}^2 &= (\cos\alpha - \cos\beta)^2 + (\sin\alpha - \sin\beta)^2 \\
&= \cos^2\alpha - 2\cos\alpha\cos\beta + \cos^2\beta \\
&\quad + \sin^2\alpha - 2\sin\alpha\sin\beta + \sin^2\beta \\
&= (\cos^2\alpha + \sin^2\alpha) + (\cos^2\beta + \sin^2\beta) \\
&\quad - 2(\cos\alpha\cos\beta + \sin\alpha\sin\beta) \\
&= 2 - 2(\cos\alpha\cos\beta + \sin\alpha\sin\beta) \tag{3.3}
\end{aligned}
$$

　もう一つは、三角形 OPQ に余弦定理を使う方法である。余弦定理により次のようになる。2 点 P、Q は単位円の上の点であるから、OP ＝ OQ ＝ 1 であることに注意する。

$$\begin{aligned} PQ^2 &= OP^2 + OQ^2 - 2OP \times OQ \times \cos(\alpha - \beta) \\ &= 1^2 + 1^2 - 2 \times 1 \times 1 \times \cos(\alpha - \beta) \\ &= 2 - 2\cos(\alpha - \beta) \end{aligned} \qquad (3.4)$$

$$(\alpha - \beta < 0 \, や \, \alpha - \beta > \pi \, の場合も成り立つ)$$

(3.3)と(3.4)の2つの式を等しいと置くと、次の式が得られる。

$$2(\cos\alpha\cos\beta + \sin\alpha\sin\beta) = 2\cos(\alpha - \beta)$$
$$\cos(\alpha - \beta) = \cos\alpha\cos\beta + \sin\alpha\sin\beta$$

これで(3.2)が証明された。

ここで、$\sin(-\beta) = -\sin\beta$、$\cos(-\beta) = \cos\beta$ であることを用いると次のようになる。

$$\cos(\alpha - (-\beta)) = \cos\alpha\cos(-\beta) + \sin\alpha\sin(-\beta)$$
$$\cos(\alpha + \beta) = \cos\alpha\cos\beta - \sin\alpha\sin\beta$$

これで式(3.1)が証明された。

次はサインの加法定理であるが、式(2.1)で示したように、サインはコサインを使って表せ、コサインはサインを使って表せる。

$\sin\theta = \cos\left(\dfrac{\pi}{2} - \theta\right)$、$\cos\theta = \sin\left(\dfrac{\pi}{2} - \theta\right)$ であった。この関係は一般角でも成立する。この関係を使うと、サインの加法定理はコサインの加法定理から次のように求められる。

$$\begin{aligned} \sin(\alpha + \beta) &= \cos\left(\frac{\pi}{2} - (\alpha + \beta)\right) \\ &= \cos\left(\left(\frac{\pi}{2} - \alpha\right) - \beta\right) \\ &= \cos\left(\frac{\pi}{2} - \alpha\right)\cos\beta + \sin\left(\frac{\pi}{2} - \alpha\right)\sin\beta \\ &= \sin\alpha\cos\beta + \cos\alpha\sin\beta \end{aligned}$$

すなわち

$$\sin(\alpha + \beta) = \sin\alpha\cos\beta + \cos\alpha\sin\beta$$

となり、サインの和の加法定理が証明できた。差の加法定理は、β を $-\beta$ で置き換えれば、$\cos(-\beta) = \cos\beta$、$\sin(-\beta) = -\sin\beta$ であることから、

$$\begin{aligned}\sin(\alpha - \beta) &= \sin(\alpha + (-\beta))\\ &= \sin\alpha\cos(-\beta) + \cos\alpha\sin(-\beta)\\ &= \sin\alpha\cos\beta - \cos\alpha\sin\beta\end{aligned}$$

すなわち

$$\sin(\alpha - \beta) = \sin\alpha\cos\beta - \cos\alpha\sin\beta$$

となる。

例題 3-1

(1)　$\sin\alpha = \dfrac{1}{\sqrt{5}}$、$\cos\alpha = \dfrac{2}{\sqrt{5}}$、$\sin\beta = \dfrac{2}{\sqrt{7}}$、$\cos\beta = \dfrac{\sqrt{3}}{\sqrt{7}}$ のとき、次の値を求めよ。

　　　$\sin(\alpha + \beta)$、$\sin(\alpha - \beta)$

(2)　加法定理を用いて次の値を求めよ。

　　　$\sin 75°$、$\cos 75°$

解答

(1)　$\sin(\alpha + \beta)$、$\sin(\alpha - \beta)$ の加法定理を用いるだけでよい。

$$\sin(\alpha + \beta) = \sin\alpha\cos\beta + \cos\alpha\sin\beta$$

$$= \frac{1}{\sqrt{5}} \times \frac{\sqrt{3}}{\sqrt{7}} + \frac{2}{\sqrt{5}} \times \frac{2}{\sqrt{7}}$$

$$= \frac{\sqrt{3}+4}{\sqrt{35}}$$

$$\sin(\alpha - \beta) = \sin\alpha\cos\beta - \cos\alpha\sin\beta$$

$$= \frac{1}{\sqrt{5}} \times \frac{\sqrt{3}}{\sqrt{7}} - \frac{2}{\sqrt{5}} \times \frac{2}{\sqrt{7}}$$

$$= \frac{\sqrt{3}-4}{\sqrt{35}}$$

(2)　$75° = 45° + 30°$ を用いると、加法定理から求められる。

$$\sin75° = \sin(45° + 30°) = \sin45°\cos30° + \cos45°\sin30°$$

$$= \frac{1}{\sqrt{2}} \times \frac{\sqrt{3}}{2} + \frac{1}{\sqrt{2}} \times \frac{1}{2}$$

$$= \frac{1+\sqrt{3}}{2\sqrt{2}}$$

$$\cos75° = \cos(45° + 30°) = \cos45°\cos30° - \sin45°\sin30°$$

$$= \frac{1}{\sqrt{2}} \times \frac{\sqrt{3}}{2} - \frac{1}{\sqrt{2}} \times \frac{1}{2}$$

$$= \frac{\sqrt{3}-1}{2\sqrt{2}}$$

演習問題 3-1

(1)　$\sin \alpha = \dfrac{1}{\sqrt{5}}$、$\cos \alpha = \dfrac{2}{\sqrt{5}}$、$\sin \beta = \dfrac{2}{\sqrt{7}}$、$\cos \beta = \dfrac{\sqrt{3}}{\sqrt{7}}$ のとき、

　　次の値を求めよ。

$$\cos(\alpha + \beta)、\cos(\alpha - \beta)$$

(2)　加法定理を用いて次の値を求めよ。

$$\sin 15°、\cos 15°$$

（答えは 245 ページ）

例題 3-2

次のようなタンジェントの加法定理を証明せよ。

$$\tan(\alpha + \beta) = \frac{\tan \alpha + \tan \beta}{1 - \tan \alpha \tan \beta}$$

$$\tan(\alpha - \beta) = \frac{\tan \alpha - \tan \beta}{1 + \tan \alpha \tan \beta}$$

解答

tan を、定義に従って sin と cos で表し、加法定理を用いれば導ける。

$$
\begin{aligned}
\tan(\alpha + \beta) &= \frac{\sin(\alpha + \beta)}{\cos(\alpha + \beta)} \\
&= \frac{\sin \alpha \cos \beta + \cos \alpha \sin \beta}{\cos \alpha \cos \beta - \sin \alpha \sin \beta} \qquad \text{分母、分子を } \cos \alpha \cos \beta \text{ で割る。} \\
&= \frac{\dfrac{\sin \alpha}{\cos \alpha} + \dfrac{\sin \beta}{\cos \beta}}{1 - \dfrac{\sin \alpha}{\cos \alpha} \times \dfrac{\sin \beta}{\cos \beta}} \\
&= \frac{\tan \alpha + \tan \beta}{1 - \tan \alpha \tan \beta}
\end{aligned}
$$

差についても同様である。

$$\tan(\alpha - \beta) = \frac{\sin(\alpha - \beta)}{\cos(\alpha - \beta)}$$

$$= \frac{\sin\alpha\cos\beta - \cos\alpha\sin\beta}{\cos\alpha\cos\beta + \sin\alpha\sin\beta} \qquad \text{分母、分子を } \cos\alpha\cos\beta \text{ で割る。}$$

$$= \frac{\dfrac{\sin\alpha}{\cos\alpha} - \dfrac{\sin\beta}{\cos\beta}}{1 + \dfrac{\sin\alpha}{\cos\alpha} \times \dfrac{\sin\beta}{\cos\beta}}$$

$$= \frac{\tan\alpha - \tan\beta}{1 + \tan\alpha\tan\beta}$$

--- 演習問題 3-2 ---

次のようなコタンジェントの加法定理を証明せよ。

$$\cot(\alpha + \beta) = \frac{\cot\alpha\cot\beta - 1}{\cot\alpha + \cot\beta}$$

$$\cot(\alpha - \beta) = \frac{\cot\alpha\cot\beta + 1}{\cot\beta - \cot\alpha}$$

（答えは 246 ページ）

2倍角、3倍角の公式

2倍角の公式、3倍角の公式とは次の式のことである。

$$\sin 2\alpha = 2\sin\alpha\,\cos\beta \tag{3.5}$$
$$\cos 2\alpha = \cos^2\alpha - \sin^2\alpha$$
$$= 1 - 2\sin^2\alpha$$
$$= 2\cos^2\alpha - 1$$

$$\sin 3\alpha = 3\sin\alpha - 4\sin^3\alpha \tag{3.6}$$
$$\cos 3\alpha = 4\cos^3\alpha - 3\cos\alpha \tag{3.7}$$

これらの公式は加法定理から証明できるので、自分でも導けるように
しておいたほうがよい。念のため証明を載せておく。三角関数にはたく
さんの公式が登場するが、全部を記憶する必要はない。必要に応じて、
基本となる定理から導けるようにしておくことが大切である。

証明

式(3.5)は、加法定理で、$\beta = \alpha$ と置くだけでよい。

$$\sin(\alpha + \beta) = \sin\alpha\,\cos\beta + \cos\alpha\,\sin\beta$$
$$\sin 2\alpha = \sin\alpha\,\cos\alpha + \cos\alpha\,\sin\alpha$$
$$= 2\sin\alpha\,\cos\alpha$$

$\cos 2\alpha$ には、3通りの表し方がある。

$$\cos 2\alpha = \cos(\alpha + \alpha) = \cos\alpha\cos\alpha - \sin\alpha\sin\alpha$$
$$= \cos^2\alpha - \sin^2\alpha \quad \cdots\cdots (1)$$
$$= \begin{cases} (1 - \sin^2\alpha) - \sin^2\alpha = 1 - 2\sin^2\alpha \quad \cdots\cdots (2) \\ \cos^2\alpha - (1 - \cos^2\alpha) = 2\cos^2\alpha - 1 \quad \cdots\cdots (3) \end{cases}$$

　3倍角の公式は $\sin 3\alpha$ を $\sin\alpha$ で表し、$\cos 3\alpha$ を $\cos\alpha$ で表す公式であり、これも加法定理と2倍角の公式から容易に導ける。3倍角の公式は記憶があいまいになるので、無理に覚えようとせず、自分で導けるようにしておくのがよい。

$$\sin 3\alpha = \sin(2\alpha + \alpha) = \sin 2\alpha\cos\alpha + \cos 2\alpha\sin\alpha$$
$$= 2\sin\alpha\cos\alpha\cos\alpha + (1 - 2\sin^2\alpha)\sin\alpha$$
$$= 2\sin\alpha\cos^2\alpha + \sin\alpha - 2\sin^3\alpha$$
$$= 2\sin\alpha(1 - \sin^2\alpha) + \sin\alpha - 2\sin^3\alpha$$
$$= 2\sin\alpha - 2\sin^3\alpha + \sin\alpha - 2\sin^3\alpha$$
$$= 3\sin\alpha - 4\sin^3\alpha$$

これで式(3.6)が証明できた。式(3.7)も同じように証明できる。

$$\cos 3\alpha = \cos(2\alpha + \alpha) = \cos 2\alpha\cos\alpha - \sin 2\alpha\sin\alpha$$
$$= (2\cos^2\alpha - 1)\cos\alpha - 2\sin\alpha\cos\alpha\sin\alpha$$
$$= 2\cos^3\alpha - \cos\alpha - 2\sin^2\alpha\cos\alpha$$
$$= 2\cos^3\alpha - \cos\alpha - 2(1 - \cos^2\alpha)\cos\alpha$$
$$= 2\cos^3\alpha - \cos\alpha - 2\cos\alpha + 2\cos^3\alpha$$
$$= 4\cos^3\alpha - 3\cos\alpha$$

例題 3-3

次の式を証明せよ。

$$\tan 2\theta = \frac{2\tan\theta}{1-\tan^2\theta}$$

解答

$\tan 2\theta$ を $\sin 2\theta$ と $\cos 2\theta$ で表して、それぞれに 2 倍角の公式を使えばよい。

$$\tan 2\theta = \frac{\sin 2\theta}{\cos 2\theta}$$

$$= \frac{2\sin\theta\cos\theta}{\cos^2\theta-\sin^2\theta} \quad \text{ここで分母と分子を } \cos^2\theta \text{ で割る。}$$

$$= \frac{2\times\frac{\sin\theta}{\cos\theta}}{1-\frac{\sin^2\theta}{\cos^2\theta}}$$

$$= \frac{2\tan\theta}{1-\tan^2\theta}$$

演習問題 3-3

(1) $\sin\alpha = \dfrac{1}{4}$ であるとき、$\sin 2\alpha$ と $\cos 2\alpha$ の値を求めよ。ただし、$0 < \alpha < \dfrac{\pi}{2}$ とする。

(2) $\cos\alpha = \dfrac{1}{3}$ のとき、$\sin 2\alpha$ と $\cos 2\alpha$ の値を求めよ。ただし、$0 < \alpha < \dfrac{\pi}{2}$ とする。 　　　　（答えは 247 ページ）

3-3 半角の公式

2倍角の公式を逆に見たのが半角の公式で、次のように表せる。

半角の公式

$$\sin^2 \frac{\alpha}{2} = \frac{1 - \cos \alpha}{2}$$

$$\cos^2 \frac{\alpha}{2} = \frac{1 + \cos \alpha}{2} \qquad (3.8)$$

証明

コサインの2倍角の公式を思い出す。

$\cos 2\alpha = 1 - 2 \sin^2\alpha$　この式を変形すると、

$2 \sin^2\alpha = 1 - \cos 2\alpha$

$\sin^2\alpha = \dfrac{1 - \cos 2\alpha}{2}$　$\alpha \to \dfrac{1}{2}\alpha$ と置き換えて

　　　（角度はどのように表してもよいので）

$$\sin^2 \frac{\alpha}{2} = \frac{1 - \cos \alpha}{2}$$

(3.8)も2倍角の公式から導かれる。

$\cos 2\alpha = 2\cos^2\alpha - 1$　この式を変形すると、

$2\cos^2\alpha = 1 + \cos 2\alpha$

$\cos^2\alpha = \dfrac{1 + \cos 2\alpha}{2}$　$\alpha \rightarrow \dfrac{1}{2}\alpha$ と置き換えて

$\cos^2\dfrac{\alpha}{2} = \dfrac{1 + \cos\alpha}{2}$

例題 3-4

次の式を証明せよ。

$$\tan^2\dfrac{\alpha}{2} = \dfrac{1 - \cos\alpha}{1 + \cos\alpha}$$

解答

tan を sin と cos で表して、それぞれに半角の公式を使うだけでよい。

$$\tan^2\dfrac{\alpha}{2} = \dfrac{\sin^2\dfrac{\alpha}{2}}{\cos^2\dfrac{\alpha}{2}}$$

$$= \dfrac{\dfrac{1 - \cos\alpha}{2}}{\dfrac{1 + \cos\alpha}{2}}$$

$$= \dfrac{1 - \cos\alpha}{1 + \cos\alpha}$$

演習問題 3-4

半角の公式を用いて、$\sin\dfrac{\pi}{12} = \sin 15°$ と $\cos\dfrac{\pi}{12} = \cos 15°$ の値を求めよ。　　　　　　　　　　　　（答えは 249 ページ）

3-4 和・差を積に直す公式

「和・差を積に直す公式」とは次のような式である。記憶する際の語呂合わせも紹介しておく

定理

$$\sin \alpha + \sin \beta = 2 \sin \frac{\alpha + \beta}{2} \cos \frac{\alpha - \beta}{2}$$

咲いた咲いた＝咲いたはコスモス

$$\sin \alpha - \sin \beta = 2 \cos \frac{\alpha + \beta}{2} \sin \frac{\alpha - \beta}{2} \qquad (3.9)$$

咲かない咲かない＝コスモス咲かない

$$\cos \alpha + \cos \beta = 2 \cos \frac{\alpha + \beta}{2} \cos \frac{\alpha - \beta}{2} \qquad (3.10)$$

越すわよ越すわよ＝明日は越す越す

$$\cos \alpha - \cos \beta = - 2 \sin \frac{\alpha + \beta}{2} \sin \frac{\alpha - \beta}{2} \qquad (3.11)$$

越さない越さない＝先先までも

証明

　証明は加法定理を 2 つ足し算するだけであるが、最後に α、β で表すために、加法定理の角度を A、B で表しておくとよい。

$$\sin(A + B) = \sin A \cos B + \cos A \sin B \qquad \cdots (1)$$

$$\sin(A - B) = \sin A \cos B - \cos A \sin B \qquad \cdots (2)$$

(1)＋(2)を両辺で求めると、

$$\sin(A + B) + \sin(A - B) = 2 \sin A \cos B$$

となる。ここで $A + B = \alpha$、$A - B = \beta$ と置くと、$2A = \alpha + \beta$ より
$A = \dfrac{\alpha + \beta}{2}$、$2B = \alpha - \beta$ より $B = \dfrac{\alpha - \beta}{2}$　となるので、

$$\sin \alpha + \sin \beta = 2 \sin \frac{\alpha + \beta}{2} \cos \frac{\alpha - \beta}{2}$$

が得られる。

式(3.9)は、(1)－(2)で得られる。

式(3.10)は、コサインの加法定理を2つ加えればよい。

$$\cos(A + B) = \cos A \cos B - \sin A \sin B \qquad \cdots (3)$$

$$\cos(A - B) = \cos A \cos B + \sin A \sin B \qquad \cdots (4)$$

(3)＋(4)より

$$\cos(A + B) + \cos(A - B) = 2 \cos A \cos B$$

これから

$$\cos \alpha + \cos \beta = 2 \cos \frac{\alpha + \beta}{2} \cos \frac{\alpha - \beta}{2}$$

が得られる。また、(3)－(4)から、

$$\cos\alpha - \cos\beta = -2\sin\frac{\alpha+\beta}{2}\sin\frac{\alpha-\beta}{2}$$

が得られる。

例題 3-5

次の式を満たす角 θ を、一般角で求めよ。

$$\sin 3\theta + \sin\theta = 0$$

解答

いわば方程式の問題である。方程式は式を因数分解すれば求めやすくなった(例えば 2 次方程式 $x^2 - 5x + 6 = 0$ を解くには、因数分解して $x^2 - 5x + 6 = (x-2)(x-3) = 0$ とすればよい)。三角関数の和・差を積に直す公式は、いわば因数分解の公式とも考えられるのでこれを利用する。

$\sin 3\theta + \sin\theta = 0$　和・差を積に直す公式を使って変形すると、

$$2\sin\frac{3\theta+\theta}{2}\cos\frac{3\theta-\theta}{2} = 0$$

$\sin 2\theta\cos\theta = 0$

$\sin 2\theta = 0$、または $\cos\theta = 0$

$2\theta = n\pi$、すなわち $\theta = \dfrac{n\pi}{2}$　　(n は整数)

または　$\theta = \dfrac{\pi}{2} + n\pi$　　　(n は整数)

演習問題 3-5 ─

次の式を満たす角 θ を、一般角で求めよ。

(1) $\sin 5\theta - \sin\theta = 0$

(2) $\cos 7\theta + \cos 3\theta = 0$

(3) $\cos 9\theta - \cos 3\theta = 0$ （答えは 250 ページ）

例題 3-6

次の値を求めよ。

$\sin 105° + \sin 15°$

解答

和を積に直してみる。

$$\sin 105° + \sin 15°$$

$$= 2 \sin \frac{105° + 15°}{2} \cos \frac{105° - 15°}{2}$$

$$= 2 \sin 60° \cos 45°$$

$$= 2 \times \frac{\sqrt{3}}{2} \times \frac{1}{\sqrt{2}}$$

$$= \frac{\sqrt{3}}{\sqrt{2}} = \frac{\sqrt{6}}{2}$$

─ 演習問題 3-6 ─

次の値を求めよ。

$$\sin \frac{7\pi}{12} - \sin \frac{\pi}{12}$$ （答えは 251 ページ）

3-5 積を和・差に直す公式

「積を和・差に直す公式」は次のように表せる。

定理

$$\sin \alpha \cos \beta = \frac{1}{2}\{\sin(\alpha + \beta) + \sin(\alpha - \beta)\} \tag{3.12}$$

$$\cos \alpha \sin \beta = \frac{1}{2}\{\sin(\alpha + \beta) - \sin(\alpha - \beta)\} \tag{3.13}$$

$$\cos \alpha \cos \beta = \frac{1}{2}\{\cos(\alpha + \beta) + \cos(\alpha - \beta)\}$$

$$\sin \alpha \sin \beta = -\frac{1}{2}\{\cos(\alpha + \beta) - \cos(\alpha - \beta)\}$$

証明

(3.12)は「和・差を積に直す公式」を左右逆にしただけの式である。右辺を左辺に変形する。右辺で $\alpha + \beta = A$、$\alpha - \beta = B$ と置き、和を積に直す公式を使う。

$$右辺 = \frac{1}{2} \times 2 \sin \frac{A + B}{2} \cos \frac{A - B}{2} = \sin \alpha \cos \beta = 左辺$$

他の式も同様に「和・差を積に直す公式」を逆に見ればよい。この公式の覚え方も同様で、「サインコサインになるのは何だっけ？」と、「和・差を積に直す公式」を思い出せばよい。

なお、式(3.13)は、α と β を入れ替えれば(3.12)と同じであるから不要ともいえるが、念のため載せておいた。

例題 3-7

次の値を求めよ。

$\sin 75° \cos 45°$

解答

積を和に直してみる。

$$\sin 75° \cos 45°$$
$$= \frac{1}{2}\{\sin(75° + 45°) + \sin(75° - 45°)\}$$
$$= \frac{1}{2}(\sin 120° + \sin 30°)$$
$$= \frac{1}{2}\left(\frac{\sqrt{3}}{2} + \frac{1}{2}\right)$$
$$= \frac{\sqrt{3} + 1}{4}$$

演習問題 3-7

次の値を求めよ。

$\sin 20° + 2\cos 40° \sin 20°$ 　　　　　（答えは 252 ページ）

3-6 三角関数の合成

　サインとコサインを足すことなどできそうにないと思うかもしれない
が、これが足し算できるのである。しかも、結果は、単一の三角関数に
なるのである。サインとコサインを足すとどんな関数になるのであろう
か？　例えば、$2\sin\theta + 3\cos\theta$ などはどんな関数になるのだろうか？

　簡単な場合から調べてみよう。

$$\sin\theta \times \frac{\sqrt{3}}{2} + \cos\theta \times \frac{1}{2}$$

$\dfrac{\sqrt{3}}{2}$ と $\dfrac{1}{2}$ がよくわかった角のサインやコサインならば、一つにまとめる
ことができるだろうか？

　ちょうどうまく $\cos\dfrac{\pi}{6} = \dfrac{\sqrt{3}}{2}$、$\sin\dfrac{\pi}{6} = \dfrac{1}{2}$ であるから、次のように表せる。

$$\sin\theta \times \frac{\sqrt{3}}{2} + \cos\theta \times \frac{1}{2} = \sin\theta \times \cos\frac{\pi}{6} + \cos\theta \times \sin\frac{\pi}{6}$$

　これはちょうど加法定理の逆の式であることに気がつくだろう。加法
定理を逆に見て、次のようにまとめられる。

$$\sin\theta \times \cos\frac{\pi}{6} + \cos\theta \times \sin\frac{\pi}{6} = \sin\left(\theta + \frac{\pi}{6}\right)$$

　サインの何倍かとコサインの何倍かを足したら、1つのサインになっ
たのである。

このようにいつもうまくいくとは限らない。

$$\sin \theta \times a + \cos \theta \times b$$

となっていたらどうするか？　この場合にも少し工夫すればうまくいくのである。ある角度 t で $\cos t = a$、$\sin t = b$ となるためには、$a^2 + b^2 = 1$ でなければならない。しかし、そうなっているとは限らないので次のように変形するのである。

$$\sqrt{a^2 + b^2}\left(\sin \theta \times \frac{a}{\sqrt{a^2 + b^2}} + \cos \theta\, \frac{b}{\sqrt{a^2 + b^2}}\right)$$

ここで、$\cos \alpha = \dfrac{a}{\sqrt{a^2 + b^2}}$、$\sin \alpha = \dfrac{b}{\sqrt{a^2 + b^2}}$ となるような α を見つければよい。それは常に可能で、次の図のような角 α をとればよい。

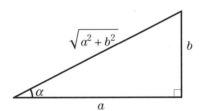

この角度 α をとれば次のようにまとめられる。

$$\sqrt{a^2 + b^2}\left(\sin \theta \times \frac{a}{\sqrt{a^2 + b^2}} + \cos \theta\, \frac{b}{\sqrt{a^2 + b^2}}\right)$$
$$= \sqrt{a^2 + b^2}\,(\sin \theta \cos \alpha + \cos \theta \sin \alpha)$$
$$= \sqrt{a^2 + b^2}\,\sin(\theta + \alpha)$$

これで、次の定理が証明できたことになる。

$$a \sin \theta + b \cos \theta = \sqrt{a^2 + b^2}\,\sin(\theta + \alpha)$$

ただし、α は、$\sin \alpha = \dfrac{b}{\sqrt{a^2 + b^2}}$、$\cos \alpha \; \dfrac{a}{\sqrt{a^2 + b^2}}$となる角である。

$a \sin \theta + b \cos \theta$ でなく、$a \sin \theta - b \cos \theta$ でも同じである。

$$a \sin \theta - b \cos \theta = \sqrt{a^2 + b^2} \sin(\theta - \alpha)$$

ただし、α は、$\sin \alpha = \dfrac{b}{\sqrt{a^2 + b^2}}$、$\cos \alpha = \dfrac{a}{\sqrt{a^2 + b^2}}$となる角度である。

これを、「三角関数の合成の公式」と呼ぶ。

この関係は、図で表すと次のように理解できる。

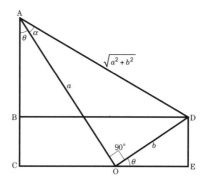

$\angle \mathrm{DOE} = \theta$、$\angle \mathrm{DOA} = 90°$、$\angle \mathrm{AOC} = 90° - \theta$、$\mathrm{DO} = b$、$\mathrm{AO} = a$ とする。すると$\angle \mathrm{OAC} = \theta$ となり、$a \sin \theta = \mathrm{CO}$、$b \cos \theta = \mathrm{OE}$ となる。$\mathrm{CE} = \mathrm{CO} + \mathrm{OE}$ だから、$a \sin \theta + b \cos \theta = \mathrm{CE}$ となる。

一方、三角形 ABD において、$\mathrm{AD} \sin \angle \mathrm{DAB} = \mathrm{BD}$ であるから、$\mathrm{BD} = \sqrt{a^2 + b^2} \sin(\theta + \alpha)$ となる。$\mathrm{BD} = \mathrm{CE}$ であるから、結局、

$$a \sin \theta + b \cos \theta = \sqrt{a^2 + b^2} \sin(\theta + \alpha)$$

となる。

これが、三角関数の合成の公式である。

サインの何倍かとコサインの何倍かを加えると、1つのサインの何倍かで表せることが、図の上でもわかったのである。

例題 3-8

　次の関数の最大値と最小値を求めよ。

$$y = 3 \sin t + 4 \cos t$$

解答

　三角関数の合成の公式を用いて、

$$3 \sin t + 4 \cos t = \sqrt{3^2 + 4^2} \sin(t + \alpha) = 5 \sin(t + \alpha)$$

ただし α は、$\sin \alpha = \dfrac{4}{\sqrt{3^2 + 4^2}} = \dfrac{4}{5}$、$\cos \alpha = \dfrac{3}{\sqrt{3^2 + 4^2}} = \dfrac{3}{5}$ となる角度である。

　t が一般角で変化したとき、$\sin (t + \alpha)$ の最大値は 1 で、最小値は -1 であるから、$5 \sin(t + \alpha)$ の最大値は 5 であり、最小値は -5 となる。

演習問題 3-8

　次の関数の最大値と最小値を求めよ。

(1)　$y = \sin t + \cos t$

(2)　$y = 3 \sin t + 5 \cos t$　　　　　　（答えは 252 ページ）

例題 3-9

次の式を満たす角 θ を求めよ。ただし、$0 \leqq \theta \leqq \pi$ とする。

$$\sqrt{3} \sin \theta + \cos \theta = 1$$

解答

三角関数の合成を使う。

$$\sqrt{\left(\sqrt{3}\right)^2 + 1^2} \sin(\theta + \alpha) = 2 \sin(\theta + \alpha) = 1$$

ただし α は、$\sin \alpha = \dfrac{1}{2}$、$\cos \alpha = \dfrac{\sqrt{3}}{2}$ より、$\alpha = \dfrac{\pi}{6}$ と定まる。

よって $\sin\left(\theta + \dfrac{\pi}{6}\right) = \dfrac{1}{2}$ となり、$\dfrac{\pi}{6} \leqq \theta + \dfrac{\pi}{6} \leqq \pi + \dfrac{\pi}{6}$ より、

$\theta + \dfrac{\pi}{6} = \dfrac{\pi}{6}$ または $\dfrac{5\pi}{6}$ となり、

結局、$\theta = 0$、または $\dfrac{2\pi}{3}$ と求まる。

演習問題 3-9

次の式を満たす角 θ を求めよ。ただし、$0 \leqq \theta \leqq \pi$ とする。

$$\sin \theta + \sqrt{3} \cos \theta = 1 \qquad \text{(答えは 253 ページ)}$$

三角関数の導関数

　一般に関数は、独立変数 x の変化に伴う従属変数 y の変化を表す
ものであるが、変化の一つとして増加する場合でも、増加の仕方が速
いのか遅いのかが問題である。このような、「関数の変化の割合」を
調べるのが、「微分の考え」である。微分の逆である「積分の考え」も
重要になってくる。

　三角関数の変化を調べるのにも、このような微分の考えは必要不可
欠である。微分と積分は高等学校の数学の中でも最も重要な概念であ
る。三角関数の微分や積分を学ぶには、一般の関数の微分と積分の学
習を済ませていることが必要だが、ここでは、関数の微分や積分を学
習していない人のために、微分と積分の基本から説明する。

4-1 速度を求める微分・導関数

　微分の考え方を意味を考えながら導入するには、直線上を動く点の速度を考えるのがよい。具体的な例として、身近な落体の運動を考えてみよう。

　斜面を転がっていく球の運動を調べてみる。曲がらないで落ちていくようにレールを用意するとよい。斜面の角度が小さくなるにしたがってゆっくり落ちるようになる。斜面の角度をうまく調節する（だいたい $10.8°$）と、x 秒間に落ちる距離 $y = f(x)$ が、ちょうど $y = f(x) = x^2$m となる。

$$y = f(x) = x^2$$

これが「関数」である。

　このとき、x 秒後の速度について調べるのである。はじめから x 秒後と文字ではわかりにくいので、まず 2 秒後の速さを考えてみよう。

　落下する球はどんどん速くなっていくので、等速運動のような速さは考えられない。球が等速運動をするならば、3 秒間に 6m 進めば、「速さ」というものを小学校で学んだように、「1 秒当たりに進む距離」として割り算で求められる。

$$「速さ」＝\frac{「進んだ距離」}{「要した時間」}＝\frac{6\text{m}}{3\text{秒}}＝2\text{m}/秒$$

　等速でない場合の速度は、「刻々変化する速度」であり、その時点時点で定まる、いわば「瞬間的な速度」である。「瞬間的な速度」をどのよ

うに求めたらよいのであろうか？

　それには、やはりよく知っている「平均速度」を媒介にするのがよい。「2秒後の瞬間的な速度」を求めるには、まずは2秒後からΔx秒間の平均速度を考えるのである。

　ここでΔxとは、「xがわずかに変化した量」という意味で、xが変化したという意味がわかるように、Δxとしたのである。決してΔとxの掛け算という意味ではなく、Δxで一つのまとまった量を表しているのである。hと表してもよいのだが。

　「平均速度」というのは、移動した距離を移動した時間で割った値である。

$$\text{「平均速度」} = \frac{\text{「移動した距離」}}{\text{「移動した時間」}}$$

　2秒後から$2 + \Delta x$秒後までの平均速度は、「はじめから$2 + \Delta$後秒までの移動距離」から「はじめから2秒後までの移動距離」を引いたのがΔx秒間の移動距離であるから、次のようになる。

　「2秒後から$2 + \Delta x$秒までの平均速度」

$$= \frac{f(2 + \Delta x) - f(2)}{\Delta x}$$

$$= \frac{(2 + \Delta x)^2 - 2^2}{\Delta x}$$

$$= \frac{2^2 + 4\Delta x + (\Delta x)^2 - 2^2}{\Delta x}$$

$$= \frac{4\Delta x + (\Delta x)^2}{\Delta x}$$

$$= 4 + \Delta x$$

ここであらためて「2秒後の瞬間的な速度」を求めるのだが、Δx をどんどん小さくしていき、0にしていけばよいだろう。Δx を0に近くしていくことを、$\Delta x \to 0$ と表す。

　$\Delta x \to 0$ とすれば、$(4 + \Delta x) \to 4$　となる。これを

$$\lim_{\Delta x \to 0}(4 + \Delta x) = 4$$

と表す。これが「2秒後の瞬間的な速度」と考えられる。

　まとめると次のように表せる。

　　　「2秒後の瞬間的な速度」
$$= \lim_{\Delta x \to 0} \frac{f(2 + \Delta x) - f(2)}{\Delta x}$$
$$= \lim_{\Delta x \to 0}(4 + \Delta x)$$
$$= 4$$

　これを、$\Delta x \to 0$ としたときの $\dfrac{f(2 + \Delta x) - f(2)}{\Delta x}$ の「極限値が4である」とも表現する。

　今まで、2秒後という特定の時刻での瞬間的な速度を求めてきた。もっと一般的にして、x という時刻での瞬間的な速度を求めてみよう。2のところを x にするだけではあるが、計算を紹介しておこう。

「x 秒後の瞬間的な速度」

$$= \lim_{\Delta x \to 0} \frac{f(x + \Delta x) - f(x)}{\Delta x}$$

$$= \lim_{\Delta x \to 0} \frac{(x + \Delta x)^2 - x^2}{\Delta x}$$

$$= \lim_{\Delta x \to 0} \frac{x^2 + 2x\Delta x + (\Delta x)^2 - x^2}{\Delta x}$$

$$= \lim_{\Delta x \to 0} \frac{2x\Delta x + (\Delta x)^2}{\Delta x}$$

$$= \lim_{\Delta x \to 0} (2x + \Delta x)$$

$$= 2x$$

　これは、斜面を転がり落ちる球の、「x 秒間に落ちる距離を表す関数、すなわち「位置を表す関数」であった $f(x) = x^2$ から、「x 秒後の速度を表す関数 $2x$」が得られたのである。

　この「速度を表す関数 $2x$」を、「位置を表す関数 $f(x) = x^2$ から導かれた」という意味で、一般に「導関数」と呼び、$f'(x)$ と表す。

　すなわち、一般には、$f(x)$ の導関数 $f'(x)$ は次のように定義される。

$$f'(x) = \lim_{\Delta x \to 0} \frac{f(x + \Delta x) - f(x)}{\Delta x}$$

　$f(x)$ から $f'(x)$ を求めることを、「$f(x)$ を微分する」という。「$f(x)$ を微分すると導関数 $f'(x)$ が得られる」、などと表現する。

　物理的な運動の速度の単位は、位置を表す単位によって定まる。$f(x)$ の単位が cm ならば、$f'(x)$ の単位は cm/s と表す。s は秒の意味で、second の略である。

例題 4-1

次の関数 $f(x)$ を定義に基づいて微分して、導関数 $f'(x)$ を求めよ。

(1) $f(x) = x^3$

(2) $f(x) = 5x$

(3) $f(x) = 4$

解答

(1) x^2 の導関数を求めたのと同じようにして、次のように計算できる。

$$
\begin{aligned}
f'(x) &= \lim_{\Delta x \to 0} \frac{f(x + \Delta x) - f(x)}{\Delta x} \\
&= \lim_{\Delta x \to 0} \frac{(x + \Delta x)^3 - x^3}{\Delta x} \\
&= \lim_{\Delta x \to 0} \frac{x^3 + 3x^2(\Delta x) + 3x(\Delta x)^2 + (\Delta x)^3 - x^3}{\Delta x} \\
&= \lim_{\Delta x \to 0} \frac{3x^2(\Delta x) + 3x(\Delta x)^2 + (\Delta x)^3}{\Delta x} \\
&= \lim_{\Delta x \to 0} \{3x^2 + 3x(\Delta x) + (\Delta x)^2\} \\
&= 3x^2
\end{aligned}
$$

(2) x^2 の導関数を求めたのと同じようにして、次のように計算できる。

$$
\begin{aligned}
f'(x) &= \lim_{\Delta x \to 0} \frac{f(x + \Delta x) - f(x)}{\Delta x} \\
&= \lim_{\Delta x \to 0} \frac{5(x + \Delta x) - 5x}{\Delta x} \\
&= \lim_{\Delta x \to 0} \frac{5x + 5(\Delta x) - 5x}{\Delta x} \\
&= \lim_{\Delta x \to 0} 5 \\
&= 5
\end{aligned}
$$

(3) x^2 の導関数を求めたのと同じようにして、次のように計算できる。

$$f'(x) = \lim_{\Delta x \to 0} \frac{f(x + \Delta x) - f(x)}{\Delta x} = \lim_{\Delta x \to 0} \frac{4 - 4}{\Delta x} = 0$$

定数関数の導関数はいつも 0 となる。このことは、時間が経過しても位置が変化しなければ速度は 0 になることからもわかるだろう。

演習問題 4-1

次の関数 $f(x)$ の導関数 $f'(x)$ を定義に基づいて求めよ。

(1) $f(x) = x^2 + 3x$

(2) $f(x) = \dfrac{1}{x}$

(答えは 254 ページ)

---

x^n の導関数

今まで出てきた関数について、導関数は $(x^2)' = 2x$、$(x^3)' = 3x^2$ となっていた。$(x^4)' = 4x^3$ などとなると都合がいいが、実はこれが一般に成り立つのである。

公式

$$(x^n)' = nx^{n-1} \qquad (n \text{ は正の整数}) \tag{4.1}$$

累乗の数を 1 つ減らし、累乗の数を前に係数として出すことで導関数が得られる。

第 4 章

三角関数の導関数

証明

$$f'(x)$$

$$= \lim_{\Delta x \to 0} \frac{f(x + \Delta x) - f(x)}{\Delta x}$$

$$= \lim_{\Delta x \to 0} \frac{(x + \Delta)^n - x^n}{\Delta x}$$

$$= \lim_{\Delta x \to 0} \frac{{}_n\text{C}_0 x^n (\Delta x)^0 + {}_n\text{C}_1 x^{n-1} (\Delta x)^1 + \cdots + {}_n\text{C}_n x^0 (\Delta x)^n - x^n}{\Delta x}$$

$$= \lim_{\Delta x \to 0} \frac{x^n + n x^{n-1} \Delta x + \frac{n(n-1)}{2} x^{n-2} (\Delta x)^2 + \cdots + (\Delta x)^n - x^n}{\Delta x}$$

$$= \lim_{\Delta x \to 0} \frac{n x^{n-1} \Delta x + \frac{n(n-1)}{2} x^{n-2} (\Delta x)^2 + \cdots + (\Delta x)^n}{\Delta x}$$

$$= \lim_{\Delta x \to 0} \left\{ n x^{n-1} + \frac{n(n-1)}{2} x^{n-2} \Delta x + \cdots + (\Delta x)^{n-1} \right\}$$

$$= n x^{n-1}$$

ここで、$(x + \Delta x)^n$ の展開には、次のような 2 項定理を用いた。

$$(a + b)^n = {}_n\text{C}_0 a^n (b)^0 + {}_n\text{C}_1 a^{n-1} (b)^1 + \cdots + {}_n\text{C}_n a^0 (b)^n$$

$$= a^n + n a^{n-1} b + \frac{n(n-1)}{2} a^{n-2} b^2 + \cdots + b^n$$

ここでは $(x^n)' = n x^{n-1}$ において n は正の整数であるが、実はすべての実数について成り立つのである。ただしその証明は、対数を学び、「対数微分法」によらなければならないので、しばらくお預けとしておこう（148 ページ）。

例題 4-2

次の関数 $f(x)$ の導関数 $f'(x)$ を、(4.1)の公式を用いて求めよ。

(1) $f(x) = x^{10}$

(2) $f(x) = x^4$

解答

(1) $f'(x) = 10x^9$

(2) $f'(x) = 4x^3$

演習問題 4-2

次の関数 $f(x)$ 導関数 $f'(x)$ を、(4.1)の公式を用いて求めよ。

(1) $f(x) = x^6$

(2) $f(x) = x^9$ （答えは 255 ページ）

線形性

「関数の和の導関数はそれぞれの関数の導関数の和に等しい」と、「関数の定数倍の導関数は導関数を定数倍すればよい」という性質が成り立つ。このような性質を「線形性」という。線形性は数学のいたるところに現れる。式で表したほうがわかりやすいかもしれない。

定理

(1) $\{f(x) + g(x)\}' = f'(x) + g'(x)$

(2) $\{k \times f(x)\}' = k \times f'(x)$ （k は定数）

証明

(1) $f(x) + g(x) = H(x)$　と置くと、

$$H(x + \Delta x) = f(x + \Delta x) + g(x + \Delta x)　となる。$$

$$\{f(x) + g(x)\}' = H'(x) = \lim_{\Delta x \to 0} \frac{H(x + \Delta x) - H(x)}{\Delta x}$$

$$= \lim_{\Delta x \to 0} \frac{\{f(x + \Delta x) + g(x + \Delta x)\} - \{f(x) + g(x)\}}{\Delta x}$$

$$= \lim_{\Delta x \to 0} \left\{\frac{f(x + \Delta x) - f(x)}{\Delta x}\right\} + \lim_{\Delta x \to 0} \left\{\frac{g(x + \Delta x) - g(x)}{\Delta x}\right\}$$

$$= f'(x) + g'(x)$$

(2)　$$\{k \times f(x)\}' = \lim_{\Delta x \to 0} \frac{k \times f(x + \Delta x) - k \times f(x)}{\Delta x}$$

$$= k \times \lim_{\Delta x \to 0} \frac{f(x + \Delta x) - f(x)}{\Delta x}$$

$$= k \times f'(x)$$

例題 4-3

　導関数を求める場合の線形性を用いて次の関数 $f(x)$ の導関数 $f'(x)$ を求めよ。

(1)　$f(x) = 4x^2 + 8x^5$

(2)　$f(x) = 3x^5 - 2x^3$

解答

(1) $f'(x) = (4x^2 + 8x^5)' = (4x^2)' + (8x^5)'$

$= 4(x^2)' + 8(x^5)' = 4 \times 2x + 8 \times 5x^4 = 8x + 40x^4$

(2) 線形性は自然な性質なので、導関数をいきなり求められるだろう。

$f'(x) = (3x^5 - 2x^3)' = 15x^4 - 6x^2$

演習問題 4-3

次の関数 $f(x)$ の導関数 $f'(x)$ を求めよ。

(1) $f(x) = 7x + 9x^4$

(2) $f(x) = 8 - 2x + 9x^3$ (答えは 255 ページ)

4-2 積と商の導関数

次は、2つの関数の積と商で表される関数の導関数の公式である。$\{f(x) \times g(x)\}' = f'(x) \times g'(x)$ というわけにはいかない。これは間違っているのである。正しくは次のように表される。

公式

(1)　$\{f(x) \times g(x)\}' = f'(x) \times g(x) + f(x) \times g'(x)$

(2)　$\left\{\dfrac{g(x)}{f(x)}\right\}' = \dfrac{g'(x) \times f(x) - g(x) \times f'(x)}{\{f(x)\}^2}$

証明

(1)　$\{f(x) \times g(x)\}'$

$$= \lim_{\Delta x \to 0} \frac{f(x + \Delta x) \times g(x + \Delta x) - f(x) \times g(x)}{\Delta x}$$

$$= \lim_{\Delta x \to 0} \frac{\{f(x + \Delta x) - f(x)\} \times g(x + \Delta x) + f(x) \times \{g(x + \Delta x) - g(x)\}}{\Delta x}$$

$$= \lim_{\Delta x \to 0} \left[\left\{\frac{f(x + \Delta x) - f(x)}{\Delta x}\right\} g(x + \Delta x) + f(x)\left\{\frac{g(x + \Delta x) - g(x)}{\Delta x}\right\}\right]$$

$$= f'(x) \times g(x) + f(x) \times g'(x)$$

この公式は形式的に丸暗記するのではなく、「積の導関数は、片方を微分して他方はそのままにして掛け算し、それを交互にして足す」と理解して使うのがよいのである。

(2) $\left\{\dfrac{g(x)}{f(x)}\right\}'$

$$= \lim_{\Delta x \to 0} \frac{\dfrac{g(x+\Delta x)}{f(x+\Delta x)} - \dfrac{g(x)}{f(x)}}{\Delta x}$$

$$= \lim_{\Delta x \to 0} \frac{1}{f(x)f(x+\Delta x)} \left\{ \frac{g(x+\Delta x) - g(x)}{\Delta x} \times f(x) \right.$$

$$\left. - g(x) \times \frac{f(x+\Delta x) - f(x)}{\Delta x} \right\}$$

$$= \frac{g'(x) \times f(x) - g(x) \times f'(x)}{\{f(x)\}^2}$$

「商の導関数」は「分母の2乗分」の、

　「分子の微分×分母はそのまま」－「分子はそのまま×分母の微分」

と理解するのがよい。分子と分母どちらを先に微分するかを間違えると導関数に－が付いて間違ってしまうので、慎重に計算する必要がある。「(分子)子供が優先で先に微分」とでも覚えておくとよい。記憶するには次の式のほうがよい。

$$\left\{\frac{分子}{分母}\right\}' = \frac{(分子)'(分母) - (分子)(分母)'}{(分母)^2}$$

例題 4-4

次の関数 $f(x)$ の導関数 $f'(x)$ を求めよ。

(1) $f(x) = (x^3 + 2x + 7)(x^2 - 3x + 7)$

(2) $f(x) = \dfrac{x^3 + 5x + 6}{2x + 3}$

解答

(1) 積の導関数の公式を使う。

$f'(x) = \{(x^3 + 2x + 7)(x^2 - 3x + 7)\}'$

$= (x^3 + 2x + 7)'(x^2 - 3x + 7) + (x^3 + 2x + 7)(x^2 - 3x + 7)'$

$= (3x^2 + 2)(x^2 - 3x + 7) + (x^3 + 2x + 7)(2x - 3)$

(2) 商の導関数の公式を使う。

$f'(x) = \left(\dfrac{x^3 + 5x + 6}{2x + 3}\right)'$

$= \dfrac{(x^3 + 5x + 6)'(2x + 3) - (x^3 + 5x + 6)(2x + 3)'}{(2x + 3)^2}$

$= \dfrac{(3x^2 + 5)(2x + 3) - (x^3 + 5x + 6) \times 2}{(2x + 3)^2}$

$= \dfrac{6x^3 + 9x^2 + 10x + 15 - 2x^3 - 10x - 12}{(2x + 3)^2}$

$= \dfrac{4x^3 + 9x^2 + 3}{(2x + 3)^2}$

演習問題 4-4

次の関数 $f(x)$ の導関数 $f'(x)$ を求めよ。

(1) $f(x) = (x^5 + 2x^4 + 7x)(x^3 - 5x^2 + 7)$

(2) $f(x) = \dfrac{x^2 + 3x + 9}{x^2 + 4x}$ （答えは 255 ページ）

合成関数の導関数

例えば、$y = f(x) = (x^2 + 4x - 7)^6$ の導関数を求めるのに、まさか、$(x^2 + 4x - 7)$ の 6 乗を展開するのは複雑になりすぎて難しい。そうかといって、$y' = f'(x) = 6(x^2 + 4x - 7)^5$ では、$x^2 + 4x - 7$ の変化を考えておらず間違いである。このとき活躍するのが「合成関数」の考え方である。$y = g(z)$、$z = f(x)$ となっているとき、$y = g(f(x))$ となるが、これが $f(z)$ と $g(x)$ の合成関数である。次のようにブラックボックスで表すとわかりやすい。

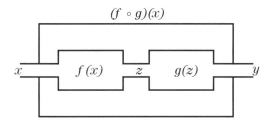

f と g の合成関数を $f \circ g$ と表す。$(f \circ g)(x) = g(f(x))$ となっている。

記号 $\dfrac{dy}{dx}$ について

合成関数の導関数を表すのに、いろいろな変数が現われてくるので、導関数の記号として $y' = f'(x)$ だけでは不便である。そこで、どういう変数をどういう変数で微分したのかがはっきりするように、$y' = f'(x)$ の代わりに $\dfrac{dy}{dx}$ を用いる。

右余白: 第4章　三角関数の導関数

$f'(x) = \lim\limits_{\Delta x \to 0} \dfrac{f(x + \Delta x) - f(x)}{\Delta x}$ において、右辺の分子は y の変化量な

ので、Δy とも表せるので、右辺の中身は $\dfrac{\Delta y}{\Delta x}$ となる。ここで、$\Delta x \to 0$

とするのであるが、

$$f'(x) = \lim\limits_{\Delta x \to 0} \frac{\Delta y}{\Delta x}$$

となるので、この結果を

$$f'(x) = \lim\limits_{\Delta x \to 0} \frac{\Delta y}{\Delta x} = \frac{dy}{dx}$$

と表すのである。この記号を使えば、「y を x で微分した」ことがはっ
きりする。ただしここでは、dy という量と dx という量があり、それを
割り算したという意味ではない。この記号を使うと、合成関数の導関数
は次のように表せる。

公式

$y = g(z)$、$z = f(x)$ となっているとき、次の式が成り立つ。

$$\frac{dy}{dx} = \frac{dy}{dz} \times \frac{dz}{dx}$$

ここで、右辺の dz を分子と分母で約分したように見えるが、この段
階で約分したのではない。もっとも、次の証明を見ればわかるように、
Δz が分母と分子に現れて約分しているのであるが。

証明

$$\frac{dy}{dz} \times \frac{dz}{dx} = \lim_{\Delta z \to 0} \frac{\Delta y}{\Delta z} \times \lim_{\Delta x \to 0} \frac{\Delta z}{\Delta x}$$

$$= \lim_{\Delta z \to 0, \Delta x \to 0} \frac{\Delta y}{\Delta z} \times \frac{\Delta z}{\Delta x}$$

$$= \lim_{\Delta x \to 0} \frac{\Delta y}{\Delta x}$$

$$= \frac{dy}{dx}$$

例題 4-5

合成関数の微分公式を用いて、次の関数 $f(x)$ の導関数 $f'(x)$ を求めよ。

(1) $f(x) = (x^3 - 2x + 6)^7$

(2) $f(x) = (3x + 5)^4$

解答

(1) $y = z^7$、$z = x^3 - 2x + 6$ と置く。

$$f'(x) = \frac{dy}{dx} = \frac{dy}{dz} \times \frac{dz}{dx}$$

$\dfrac{dy}{dz} = 7z^6$、$\dfrac{dz}{dx} = 3x^2 - 2$ であるから、

$$\frac{dy}{dx} = \frac{dy}{dz} \times \frac{dz}{dx} = 7z^6(3x^2 - 2)$$

$$= 7(x^3 - 2x + 6)^6(3x^2 - 2)$$

(2)　$y = z^4$、$z = 3x + 5$ と置く。

$$f'(x) = \frac{dy}{dx} = \frac{dy}{dz} \times \frac{dz}{dx}$$

$$\frac{dy}{dz} = 4z^3、\frac{dz}{dx} = 3 \text{ であるから}$$

$$\frac{dy}{dx} = \frac{dy}{dz} \times \frac{dz}{dx} = 4z^3 \times 3$$

$$= 4(3x + 5)^3 \times 3 = 12(3x + 5)^3$$

　一般に、$(ax + b)^n$ の導関数は、$an(ax + b)^{n-1}$ となる。a がつくことに注意しよう。

演習問題 4-5

　次の関数 $f(x)$ の導関数 $f'(x)$ を求めよ。

(1)　$f(x) = (x^4 + 8x - 3)^5$

(2)　$f(x) = (4x + 9)^6$　　　　　　　　　（答えは 256 ページ）

4-4 三角関数の導関数

いよいよ本題の、三角関数の微分である。今までの公式を活用する。

sin t の導関数

sin t の導関数を求めるために次のことを使う。

定理

$$\lim_{t \to 0} \frac{\sin t}{t} = 1 \tag{4.2}$$

はじめにこのことを証明しておこう。次の図を見てほしい。

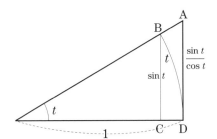

証明

図を見れば、単位円の弧 BD の長さは、2 つの垂直な線分 BC $= \sin t$ と AD $= \tan t = \dfrac{\sin t}{\cos t}$ の長さの間にあることがわかる。弧 BD の長さは、角度を弧度法で表しているので、角度 t と等しい。

$$\sin t < t < \frac{\sin t}{\cos t}$$

これから次の不等式が得られる。

$$\cos t < \frac{\sin t}{t} < 1$$

$t \to 0$ としていくと、$\cos t \to 1$ となる。$\dfrac{\sin t}{t}$ は、左側がどんどん 1 に近くなっていき 1 より小さいので、ここではさまれた $\dfrac{\sin t}{t}$ も 1 に近くなっていかざるを得ない。

(4.2)の極限式を使うと $\sin t$ の導関数が求められる。サインの微分はコサインになるという簡単なことである。

コサインの微分はマイナスサインになる。

定理

(1)　$(\sin t)' = \cos t$

(2)　$(\cos t)' = -\sin t$

証明

(1)　導関数の定義に戻って変形する。

$$(\sin t)' = \lim_{\Delta t \to 0} \frac{\sin(t + \Delta t) - \sin t}{\Delta t}$$

サインの差を積に直す公式
(3.9)を用いて変形する

$$= \lim_{\Delta t \to 0} \frac{2\cos \dfrac{t + \Delta t + t}{2} \sin \dfrac{t + \Delta t - t}{2}}{\Delta t}$$

$$= \lim_{\Delta t \to 0} \frac{2\cos \left(t + \dfrac{\Delta t}{2} \right) \sin \left(\dfrac{\Delta t}{2} \right)}{\Delta t}$$

$$= \lim_{\Delta t \to 0} \cos \left(t + \frac{\Delta t}{2} \right) \times \lim_{\Delta t \to 0} \frac{\sin \left(\dfrac{\Delta t}{2} \right)}{\dfrac{\Delta t}{2}}$$

ここで、$\dfrac{\Delta t}{2} = \theta$ と置くと、$\Delta t \to 0$ のとき $\theta \to 0$ となるので、

$\displaystyle\lim_{\theta \to 0} \dfrac{\sin\theta}{\theta} = 1$ が使える。よって $\displaystyle\lim_{\Delta x \to 0} \dfrac{\sin\left(\frac{\Delta t}{2}\right)}{\frac{\Delta t}{2}} = 1$ となり、

$$(\sin t)' = \lim_{\Delta t \to 0} \cos\left(t + \dfrac{\Delta t}{2}\right) \times 1$$
$$= \cos t$$

cos t の導関数

今度は cos t の導関数を求めてみよう。

$(\cos t)' = -\sin t$ も同様に証明できる。

$$(\cos t)' = \lim_{\Delta t \to 0} \dfrac{\cos(t + \Delta t) - \cos t}{\Delta t}$$

コサインの差を積に直す公式
(3.11)を用いて変形する

$$= \lim_{\Delta t \to 0} \dfrac{-2\sin\dfrac{t + \Delta t + t}{2}\sin\dfrac{t + \Delta t - t}{2}}{\Delta t}$$

$$= \lim_{\Delta t \to 0} \dfrac{-2\sin\left(t + \dfrac{\Delta t}{2}\right)\sin\left(\dfrac{\Delta t}{2}\right)}{\Delta t}$$

$$= \lim_{\Delta t \to 0}\left\{-\sin\left(t + \dfrac{\Delta t}{2}\right) \times \lim_{\Delta t \to 0} \dfrac{\sin\left(\frac{\Delta t}{2}\right)}{\frac{\Delta t}{2}}\right\}$$

ここで、$\dfrac{\Delta t}{2} = \theta$ と置くと、$\Delta t \to 0$ のとき $\theta \to 0$ となるので、

$\displaystyle\lim_{\theta \to 0} \dfrac{\sin\theta}{\theta} = 1$ が使える。よって $\displaystyle\lim_{\Delta t \to 0} \dfrac{\sin\left(\frac{\Delta t}{2}\right)}{\frac{\Delta t}{2}} = 1$ となり、

$$(\cos t)' = \lim_{\Delta t \to 0}\left\{-\sin\left(t + \dfrac{\Delta t}{2}\right)\right\} \times 1$$
$$= -\sin t$$

第4章

三角関数の導関数

121

例題 4-6

次の関数 $f(t)$ の導関数 $f'(t)$ を求めよ。

(1)　$f(t) = \tan t$

(2)　$f(t) = \sin(t^3 + 5t + 2)$

(3)　$f(t) = \sin kt$　　　（k は定数）

(4)　$f(t) = (\sin t)^4$

解答

(1)　タンジェントをコサインとサインで表して、商の微分公式を使えばよい。

$$
\begin{aligned}
f'(t)\,(\tan t)' &= \left(\frac{\sin t}{\cos t}\right)' \\
&= \frac{(\sin t)' \times (\cos t) - (\sin t)(\cos t)'}{(\cos t)^2} \\
&= \frac{(\cos t) \times (\cos t) - (\sin t)(-\sin t)}{\cos^2 t} \\
&= \frac{\cos^2 t + \sin^2 t}{\cos^2 t} \\
&= \frac{1}{\cos^2 t} \\
&= \sec^2 t
\end{aligned}
$$

(2)　$z = t^3 + 5t + 2$、$y = \sin z$ と置いて、合成関数の微分公式を使う。

$$f'(t) = \frac{dy}{dt} = \frac{dy}{dz} \times \frac{dz}{dt}$$

$$= (\cos z)(3t^2 + 5)$$

$$= (3t^2 + 5)\cos(t^3 + 5t + 2)$$

(3) $z = kt$、$y = \sin z$ と置いて、合成関数の微分公式を使う。

$$f'(t) = \frac{dy}{dt} = \frac{dy}{dz} \times \frac{dz}{dt}$$

$$= (\cos z) \times (k)$$

$$= k \cos kt$$

この計算は文字をおきかえないでできるようになるとよい。

(4) $z = \sin t$、$y = z^4$ と置いて、合成関数の微分公式を使う。

$$f'(t) = \frac{dy}{dt} = \frac{dy}{dz} \times \frac{dz}{dt}$$

$$= 4z^3 \times \cos t$$

$$= 4(\sin t)^3 \cos t = 4\sin^3 t \cos t$$

演習問題 4-6

次の関数 $f(t)$ の導関数 $f'(t)$ を求めよ。

(1) $f(t) = \cot t$

(2) $f(t) = \sin(t^5 + 5t^4 + 2t - 3)$

(3) $f(t) = \sin 6t$

(4) $f(t) = (\cos t)^7$ （答えは 257 ページ）

4-5 等速円運動の速度・加速度

　以下の事柄は物理学の内容ではないかと思う読者もいるかもしれない
が、数学を学ぶ上でもこのくらいのことは理解しておくほうが便利であ
る。昔は物理と数学に区別はなかったのであるから。

　t 秒後の位置を表す関数 $y = f(t) = t^2$ の導関数 $y' = f'(t) = 2t$ は、
「t 秒後の速度」を表す関数であった。このことはベクトルについても
同じで、平面上を運動する点の位置(ベクトル)が $(f(t),\ g(t))$ であると
き、$(f'(t),\ g'(t))$ は、「t 秒後の速度を表すベクトル」となる。

　例えば、t 秒後の位置が $\mathrm{P}(x,\ y) = (f(t),\ g(t)) = (3t + 2,\ t^2)$ である
点 P の t 秒後の速度ベクトルは、$(f'(t),\ g'(t)) = (3,\ 2t)$ となる。

　このように考えると、等速円運動する点は t 秒後に $(\cos t,\ \sin t)$ の位
置にいて、微分して導関数を求めると $(\cos t,\ \sin t)' = (-\sin t,\ \cos t)$
となる。これが t 秒後の速度ベクトルであるが、これを図示すると次の
ようになる。

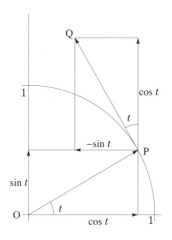

位置ベクトル $\overrightarrow{\mathrm{OP}}$ に対して、速度ベクトルは $\overrightarrow{\mathrm{PQ}}$ となり、速度ベクトルは位置ベクトルと垂直の関係になることがわかる。

　つまり等速円運動では、速度の方向は動径 OP に対して垂直で、接線方向であることがわかる。

　このような現象は、砲丸投げで手を放したときに砲丸が飛んでいく方向でもわかるし、小石を糸で結んでぐるぐる回してから手を放したときに石が飛んでいく方向からも理解できるだろう。

4-6 2階の微分と加速度

　高い建物の屋上からビー玉を落とすと、ビー玉は地面に落ちていくが、このときの落ちていく速度は「ドンドン速くなっていく」ことがわかる。このようなときには「速度が変化する速度」が問題となってくる。「○○が変化する速度」は、○○を時間の関数として表して、時間で微分すればよかった。時刻 t での速度が $F(t)$ であれば、「速度の変化する速度」は、$F'(t)$ で求められる。

　位置を表す関数から見れば2回微分したことになり、記号で $y'' = f''(x)$ とか、$y'' = \dfrac{d^2y}{dx^2}$ と表す。これを「2階の導関数」という。

例題 4-7

　次の関数 $f(x)$ について、2階の導関数 $f''(x)$ を求めよ。

(1)　$f(x) = x^6 + 9x^3 + 6$

(2)　$f(x) = \sin 3x$

解答

(1)　$f'(x) = 6x^5 + 27x^2$、$f''(x) = 30x^4 + 54x$

(2)　$f'(x) = 3\cos 3x$、$f''(x) = -9\sin 3x$

演習問題 4-7

　次の関数 $f(x)$ について、2階の導関数 $f''(x)$ を求めよ。

(1)　$f(x) = x^5 + 6x^2 + 6x$

(2)　$f(x) = \cos 5x$　　　　　　　　　（答えは 258 ページ）

t 秒後の位置が $f(t)$ で、そのときの速度が $f'(t)$ で求められたとすれば、この速度関数をもう一度微分した $f''(t)$ を物理学では「加速度」といい、a で表すことが多い。

速度は $f'(x)$ の単位が cm/s であれば加速度 $f''(x)$ の単位は cm/s² となり、速度 $f'(x)$ の単位が m/s であれば加速度 $f''(x)$ の単位は m/s² となる。

ここで、ニュートンの運動方程式を思い起こそう。ある点（物理学では質点という）の質量を m として、この質点に加わる力の大きさを F とすると、次の式が成り立つのであった。

$$F = ma = m\,\frac{d^2x}{dt^2}$$

質点が 1 直線上を動くとすると、$x = x\,(t)$ は、時刻 t での位置（変位）を表す関数である。平面上の運動とすれば、x は 2 次元のベクトル $\boldsymbol{x}$ となる。力 F もベクトルとなる（$F \to \boldsymbol{F}$）。加速度もベクトルとなる（$a \to \boldsymbol{a}$）。

$$\boldsymbol{F} = m\boldsymbol{a} = m\,\frac{d^2\boldsymbol{x}}{dt^2}$$

ここで、この式の物理量の単位は、m が kg、$\boldsymbol{a}$ は m/s²、$\boldsymbol{F}$ はニュートンとなっている。

等速円運動の加速度

t 秒後の位置が $(\cos t,\ \sin t)$ で与えられる等速円運動の加速度を求めてみよう。速度ベクトルは、

$$(\cos t,\ \sin t)' = (-\sin t,\ \cos t)$$

であった。加速度はこれをもう一度微分して、

$$(-\sin t, \ \cos t)' = (-\cos t, \ -\sin t) = -(\cos t, \ \sin t)$$

となる。このベクトルははじめの位置を表すベクトル $\overrightarrow{OP} = (\cos t, \sin t)$ に対して、反対方向のベクトル $\overrightarrow{PO} = -(\cos t, \ \sin t)$ である。つまり、等速円運動の加速度は、質点 P から中心に向かっている。$\boldsymbol{F} = m\boldsymbol{a}$ であるから、質点 P に働く力も質点 P から中心に向かっている。

小石を糸に結んでぐるぐる回しているとき、小石（質点 P）から中心に向かう力は、糸が支えている力に他ならない。

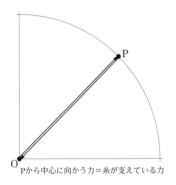

P から中心に向かう力＝糸が支えている力

例題 4-8

質量が 2kg の質点があり、t 秒後の質点の位置が $\boldsymbol{x} = (t^2, \ 3t)$ であるとき、この質点に働いている力のベクトルを求めよ。

解答

$\boldsymbol{F} = m\boldsymbol{a}$ を使うので、はじめに加速度ベクトル $\boldsymbol{a}$ を求める。はじめに速度ベクトルを求める。速度ベクトルは 1 回微分して、$(t^2, 3t)' = (2t, 3)$、加速度ベクトルはもう一度微分して、$\boldsymbol{a} = (2, \ 0)$ となる。したがって、質点に働く力のベクトルは $\boldsymbol{F} = m\boldsymbol{a} = 2 \times (2, \ 0) = (4, \ 0)$ となる。質点の運動を図示すると次のようになる。矢印は各位置で質点に働く力のベクトルを表している。

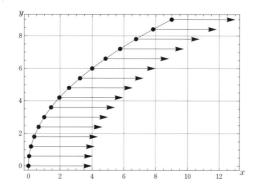

—— 演習問題 4-8 ——————————

質量が 3kg の質点があり、t 秒後の質点の位置が $\boldsymbol{x} = (4t,\ 3t^3)$ であるとき、この質点に働いている力のベクトルを求めよ。

（答えは 259 ページ）

第5章

指数関数・対数関数とその導関数

　三角関数は、指数関数や対数関数などとは何の関係もなさそうに思えるかもしれない。しかし実は、複素数まで考えると、これらは密接に関係しているのである。指数関数が三角関数で表せたりする。

　この章では、三角関数と関係が深い指数関数や対数関数とその導関数について述べる。指数関数と三角関数は複素数を媒介として、後にオイラーの公式として関係が明らかになるのである。

指数関数は、「一定の時間がたつと一定の倍率に変化する」という性質を持つ関数である。

時刻 0 のときの値を A としよう。単位時間で a 倍に拡大$(a > 1)$または縮小$(0 < a < 1$ のとき$)$する現象を考える。3秒後には $A \times a \times a \times a$ だが、これを $A \times a^3$ と書き表すのである。一般に t 秒後の量を $f(t) = A \times a^t$ と表すのであるが、t は整数値だけでなく、すべての実数に対してこのように定義できるのである。すべての実数値 x に対して a^x を定義しようとすると、けっこう面倒な作業が必要になってくるので、ここでは概略だけを紹介する。

はじめに、x が有理数で、自然数 m、n を用いて $x = \dfrac{m}{n}$ と表せる場合を定義する。$a^x = a^{\frac{m}{n}} = \sqrt[n]{a^m}$ である。つまりこれは「n 乗して a^m になる数」である。$\sqrt[n]{x}$ は n 乗して x になる数で、「x の n 乗恨」と呼ばれ、このような数の求め方はいろいろな方法が知られている。ここでは「n 乗恨は定められる」としておく。

さて、実数 x についての a^x を定めるには、実数 x に収束する有理数の列 $x_1,\ x_2,\ \cdots,\ x_n\cdots$ を定める。$\lim\limits_{n \to \infty} x_n = x$ を用いて、$a^x = \lim\limits_{n \to \infty} a^{x_n}$ と定めればよい。

指数関数とは、「一定の時間がたつと一定の倍率に変化する」という性質を持つ関数であった。この性質はある程度時間が経過した後でも同様に成り立つので、今、量が B になったときから時間が s だけ変化したときの量は、$B \times a^s$ となる。B がはじめから見て時刻 t のときの量

だとすると、$(A \times a^t) \times a^s$ となるが、これは最初から見れば、時間が t ＋ s だけ経過したときの量だから $A \times a^{t+s}$ となるので、次の式が成り立つ。

$$(A \times a^t) \times a^s = A \times a^{t+s}$$
$$A \times (a^t a^s) = A \times a^{t+s}$$
$$a^t a^s = a^{t+s}$$

　また、「一定の時間がたつと一定の倍率に変化する」という性質は時刻が $t < 0$ のとき、マイナスの時間でも成り立つとするので、時刻 0 から単位時間前 $t = -1$ のときには、$A \times \dfrac{1}{a}$ となる。一般に、a^t で $t < 0$ のときは次のようになる。

$$a^{-t} = \frac{1}{a^t} \quad (t > 0)$$

　また、時刻 0 における量は $A = A \times a^0$ より、$a^0 = 1$ となる。これらの性質をまとめると次のようになる。これが指数関数の性質・指数法則である。

　$a > 0, a \neq 1$ のとき、実数 t に対して a^t が定まり、次の性質が成り立つ。

(1)　$a^{t+s} = a^t a^s$

(2)　$(a^t)^s = a^{ts}$

(3)　$a^{-t} = \dfrac{1}{a^t}$、$a^{t-s} = \dfrac{a^t}{a^s}$

(4)　$a^0 = 1$

　(2)は、指数関数が、はじめから時刻 x だったときの量が（はじめの量）$\times a^t$ で表せるので、時刻 t のとき a^t 倍となり、このときの量をはじめの量と考えて、それから時間が s 倍たったときの値は $(a^t)^s$ 倍である。

この時刻は最初から見れば時刻 ts のときの量となるので、a^{ts} 倍となり $(a^t)^s = a^{ts}$ が成り立つ。

指数関数のグラフ

　指数関数 $y = a^x$ のグラフは、a が 1 より大きいか小さいかで大きく異なる。

　$a > 1$ のとき、指数関数 $y = f(x) = a^x$ は単調に増加する関数で、グラフは次のようになる。具体的には図は、$a = 1.5$ のときのグラフである。

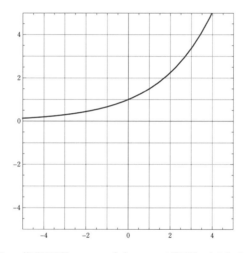

　$a < 1$ のとき、指数関数 $y = f(x) = a^x$ は単調に減少する関数で、グラフは次のようになる。具体的には図は、$a = 0.5$ のときのグラフである。

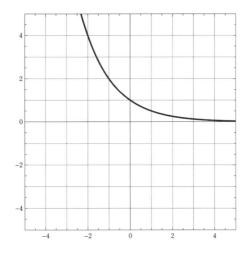

5-2 対数関数の定義と性質

　時刻 x に対して量 y を与える関数 $y = a^x$ が指数関数であるが、この逆すなわち、量 y に対してそうなる時刻 x を与える関数が対数関数である。一般の関数では、逆関数はいつも存在するとは限らない。指数関数は単調増加か単調減少なので $y = a^x$ で、y を与えれば対応する x は一意に定まるから、逆関数は常に存在する。対数関数は記号で $\log_a$ と表し、a を「対数関数の底」という。

$$y = a^x \Longleftrightarrow x = \log_a y$$

　ここで対数の基本性質を紹介する。これらは指数関数の基本性質である指数法則を言いかえたものに他ならない。

(1) $\log_a AB = \log_a A + \log_a B$

(2) $\log_a \dfrac{A}{B} = \log_a A - \log_a B$

(3) $\log_a A^t = t \log_a A$

(4) $\log_a 1 = 0$

(5) $\log_a b = \dfrac{\log_c b}{\log_c a}$ （底の変換公式）

　これらの対数の性質は指数法則を言いかえたもので、指数法則から導かれる。

(1) $a^t = A$、$a^s = B$ と置くと、対数の定義から $t = \log_a A$、$s = \log_a B$ である。指数法則から $a^t a^s = a^{t+s}$ であったから、$AB = a^{t+s}$ である。すなわち $t + s = \log_a AB$ であるが、これは $\log_a A + \log_a B = \log_a AB$ を意味している。

(2) $a^t = A$、$a^s = B$ と置くと、対数の定義から $t = \log_a A$、$s = \log_a B$ である。指数法則から $\dfrac{a^t}{a^s} = a^{t-s}$ であったから、$\dfrac{A}{B} = a^{t-s}$ である。すなわち $t - s = \log_a \dfrac{A}{B}$ であるが、これは $\log_a A - \log_a B = \log_a \dfrac{A}{B}$ を意味している。

(3) $\log_a A = x$ と置く。対数の定義から $A = a^x$ となるが、ここで、$A^t = (a^x)^t = a^{tx}$ となる。再び対数の定義から $tx = \log_a A^t$ となるが、$x = \log_a A$ を戻すと、$t \log_a A = \log_a A^t$ が得られる。

(4) $a^0 = 1$ を対数の形にすれば $0 = \log_a 1$ が得られる。

(5) $a^r = b$ のとき、対数の定義から $r = \log_a b$ なので $a^{\log_a b} = b$ が成り立つ。この両辺を底 c の対数の中に入れてみる。$\log_c (a^{\log_a b}) = \log_c b$　(3)の性質から次のように変形できる。

$(\log_a b) \log_c a = \log_c b$　　したがって $\log_a b = \dfrac{\log_c b}{\log_c a}$ が得られる。これを底の変換公式という。

自然対数の底 e

ここで、指数関数において重要だけでなく、あらゆる数学の分野で重要となる「自然対数の底」と呼ばれる定数 e を導入する。e は「ネイピア数」とも呼ばれる。ネイピアは人の名前で、ジョン・ネイピア（John

Napier, 1550 ～ 1617 年)のこと。スコットランドのバロン(封建領主、貴族の称号あるいは爵位の一種)で、数学者、物理学者、天文学者、占星術師としても知られる。

e は次のように、連続複利計算から導入するのがわかりやすい。

元金 1 万円を年利率 1(100%)で預金すれば、1 年後の元利合計は 1(元金) + 1(元金) × 1(利率) = 2(元利合計)万円となる。

これを「半年ごとの複利」に置き換えてみよう。複利とは、途中で元利合計を求めて、残りの期間はこれを元金とする計算方法である。例えば半年ごとの複利で計算してみよう。年利率が 1 なので、半年ごとの利率は $\frac{1}{2}$ となる。半年後の元利合計は次のように計算される。

$$1(\text{元金}) + 1(\text{元金}) \times \frac{1}{2} = 1 \times \left(1 + \frac{1}{2}\right)$$

残りの半年はこれを元金として利息がつくので、1 年後の元利合計は次のように計算される。

$$1 \times \left(1 + \frac{1}{2}\right) + 1 \times \left(1 + \frac{1}{2}\right) \times \frac{1}{2} = 1 \times \left(1 + \frac{1}{2}\right)^2 = 2.25$$

今度はもっと細かく、毎月複利計算をすることにしてみよう。年に 12 回複利計算をすることになる。

$$1 \times \left(1 + \frac{1}{12}\right)^{12} = 2.613035\cdots$$

同じようにして、毎時間ごと複利計算をすることにすると次のようになる。

$$1 \times \left(1 + \frac{1}{365 \times 24}\right)^{365 \times 24} = 2.718126692\cdots$$

　同じようにして、毎秒ごとの複利計算をすることにすると次のようになる。

$$1 \times \left(1 + \frac{1}{365 \times 24 \times 60 \times 60}\right)^{365 \times 24 \times 60 \times 60} = 2.7181281785\cdots$$

　ここで、複利計算する回数 n を無限に大きくしていったときの極限値が自然対数の底 e となるのである。e は次のように定義される。

$$e = \lim_{n \to \infty} \left(1 + \frac{1}{n}\right)^n = 2.7182818284590\cdots$$

対数関数のグラフ

関数 $y = f(x)$ の逆関数が定まるとき、逆関数は x と y を入れ替えて、$x = f(y)$ で得られる。これらのグラフは x と y を入れ替えただけなので、直線 $y = x$ に関して対称なグラフになる。

例えば、指数関数 $y = 1.5^x$ のグラフと逆関数である対数関数 $x = 1.5^y$ つまり $y = \log_{1.5} x$ のグラフを同時に表すと次のようになる。対称軸である $y = x$ も一緒に描いておく。

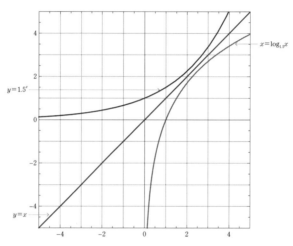

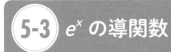

5-3 e^x の導関数

　ここで、一般の指数関数 $y = a^x$ の導関数を求めたいのであるが、そのために、$y = e^x$ の導関数を先に求める。

　$y = f(x) = e^x$ の導関数は、定義にしたがって次のように計算される。

$$y' = f'(x) = \lim_{\Delta x \to 0} \frac{f(x + \Delta x) - f(x)}{\Delta x}$$

$$= \lim_{\Delta x \to 0} \frac{e^{x + \Delta x} - e^x}{\Delta x}$$

$$= \lim_{\Delta x \to 0} \frac{e^x(e^{\Delta x} - 1)}{\Delta x} \quad ここで \; e^{\Delta x} - 1 = t \; と置くと、$$

$$e^{\Delta x} = t + 1、\Delta x = \log_e(t + 1) \; となり、$$

$$f'(x) = e^x \lim_{t \to 0} \frac{t}{\log_e(t + 1)}$$

$$= e^x \lim_{t \to 0} \frac{1}{\log_e(t + 1)^{\frac{1}{t}}} \quad ここで、\frac{1}{t} = n \quad と置く。$$

$$= e^x \lim_{n \to \infty} \frac{1}{\log_e\left(1 + \frac{1}{n}\right)^n}$$

ここで、$e = \lim_{n \to \infty} \left(1 + \frac{1}{n}\right)^n$ を思い出すと、

$$f'(x) = e^x \frac{1}{\log_e e} = e^x$$

つまり、次のことがわかった。

$$(e^x)' = e^x$$

次の関数 $f(x)$ の導関数 $f'(x)$ を求めよ。

(1) $f(x) = e^{x^4 - 5x^2 + 6}$

(2) $f(x) = e^{kx}$ （k は定数）

解答

(1) $z = x^4 - 5x^2 + 6$、$y = e^z$ と置き、合成関数の微分公式を用いる。

$$f'(x) = \frac{dy}{dx} = \frac{dy}{dz} \times \frac{dz}{dx}$$

$$\frac{dy}{dz} = e^z、\frac{dz}{dx} = 4x^3 - 10x \text{ より}$$

$$f'(x) = e^z(4x^3 - 10x)$$
$$= (4x^3 - 10x)e^{x^4 - 5x^2 + 6}$$

(2) $z = kx$、$y = e^z$ と置き、合成関数の微分公式を用いる。

$$f'(x) = \frac{dy}{dx} = \frac{dy}{dz} \times \frac{dz}{dx}$$

$$\frac{dy}{dz} = e^z、\frac{dz}{dx} = k \text{ より}$$

$$f'(x) = e^z \times k$$
$$= ke^{kx}$$

以後 $(e^{kx})' = ke^{kx}$ は、公式のようにして使う。

演習問題 5-1

次の関数 $f(x)$ の導関数 $f'(x)$ を求めよ。

(1) $f(x) = e^{\sin 5x}$

(2) $f(x) = e^{3x} \cos x$ （答えは 259 ページ）

---

a^x の導関数

対数を用いると、どのような数も好きな数の累乗で表せる。例えば、$5 = 2^x$ となる x は、対数を用いて $x = \log_2 5$ と表せるので、x のところに $x = \log_2 5$ を代入するだけで、$5 = 2^{\log_2 5}$ となることがわかるのである。

一般に、任意の数 a $(a > 0、a \neq 0)$ は $a = e^{\log_e a}$ と表せる。したがって a^x は、$a^x = (e^{\log_e a})^x = e^{(\log_e a)x}$ となる。

$(e^{kx})' = ke^{kx}$ であったから、次のようになる。

$$(a^x)' = (e^{(\log_e a)x})' = (\log_e a)e^{(\log_e a)x}$$
$$= (\log_e a)a^x = a^x \log_e a$$

例題 5-2

次の関数 $f(x)$ の導関数 $f'(x)$ を求めよ。

(1) $f(x) = 2^x$

(2) $f(x) = 3^{\sin x}$

解答

(1) $(a^x)' = a^x \log_e a$ において、$a = 2$ としてそのまま公式を使えばよい。$f'(x) = (2^x)' = 2^x \log_e 2$

(2) $z = \sin x$、$y = 3^z$ と置いて、合成関数の微分公式を使う。

$$f'(x) = \frac{dy}{dx} = \frac{dy}{dz} \times \frac{dz}{dx}$$
$$= 3^z(\log_e 3)\cos x$$
$$= 3^{\sin x}(\log_e 3)\cos x$$

次の関数 $f(x)$ の導関数 $f'(x)$ を求めよ。

(1) $f(x) = 10^x$

(2) $f(x) = 7^{\cos x}$　　　　　　　　　（答えは 260 ページ）

5-4 対数関数の導関数

今度は対数関数 $y = \log_a x$ の導関数を求めてみよう。x から y を求める指数関数 $y = a^x$ に対して、y から x を求める対数関数は $x = \log_a y$ であるが、x と y を逆にして $y = \log_a x$ とする。これはちょうど逆の関数になっている。これを対数関数は指数関数の逆関数であるという。

比例関数 $y = 3x$ の逆関数は $y = \dfrac{1}{3}x$ となり、比例定数が逆数の比例関数となる。逆関数はいつも一意的に定まるわけではない。例えば $y = x^2$ の逆は $x = \pm\sqrt{y}$ となって、一意的には定まらない。条件をつけて $x \geqq 0$ とすれば、$x = \sqrt{y}$ と一意的に定まるが。

逆関数の導関数

x から y を定める関数の導関数と、y から x を定める逆関数の導関数には一般に、次の関係がある。

定理

逆関数の導関数は次の式で与えられる。

$$\frac{dx}{dy} = \frac{1}{\dfrac{dy}{dx}}$$

証明

$$\frac{dx}{dy} = \lim_{\Delta y \to 0} \frac{\Delta x}{\Delta y} = \lim_{\Delta y \to 0, \Delta x \to 0} \frac{1}{\dfrac{\Delta y}{\Delta x}} = \frac{1}{\dfrac{dy}{dx}}$$

対数関数の導関数

　ここで、対数関数 $y = \log_e x$ の導関数を求めてみよう。対数関数は指数関数の逆関数であった。

$$y = \log_e x \Longleftrightarrow x = e^y$$

　ここで、指数関数の導関数はわかっていて、$\dfrac{dx}{dy} = (e^y)' = e^y$ であったから、逆関数の微分公式から次のようになる。

$$\frac{dy}{dx} = \frac{1}{\dfrac{dx}{dy}} = \frac{1}{e^y} = \frac{1}{x}$$

　次は、底が e 以外の対数関数の微分であるが、対数の底は好きな数に変えられる「底の変換公式」があるので、それを利用すればよい。

$$
\begin{aligned}
(\log_a x)' &= \left(\frac{\log_e x}{\log_e a}\right)' \\
&= \frac{(\log_e x)'}{\log_e a} \\
&= \frac{1}{x} \times \frac{1}{\log_e a} = \frac{1}{x \log_e a}
\end{aligned}
$$

なお、$x < 0$ のとき $\{\log_a(-x)\}' = \dfrac{1}{-x} \times (-1) = \dfrac{1}{x}$ となるので

$(\log_a |x|)' = \dfrac{1}{x}$ となる。

例題 5-3

次の関数 $f(x)$ の導関数 $f'(x)$ を求めよ。

(1)　$f(x) = \log_e(x^2 + 3x + 8)$

(2)　$f(x) = \log_3(x^4 - x^2 + 3)$

解答

(1)　$z = x^2 + 3x + 8$、$y = \log_e z$ と置き、合成関数の微分公式を使う。

$$f'(x) = \frac{dy}{dx} = \frac{dy}{dz} \times \frac{dz}{dx}$$

$$= \frac{1}{z}(2x + 3)$$

$$= \frac{2x + 3}{x^2 + 3x + 8}$$

(2)　$z = x^4 - x^2 + 3$、$y = \log_3 z$ と置き、合成関数の微分公式を使う。

$$f'(x) = \frac{dy}{dx} = \frac{dy}{dz} \times \frac{dz}{dx}$$

$$= \frac{1}{z \log_e 3} \times (4x^3 - 2x)$$

$$= \frac{4x^3 - 2x}{(x^4 - x^2 + 3)\log_e 3}$$

ここで、一般に、$y = \log_e f(x)$ の導関数は $y' = \dfrac{f'(x)}{f(x)}$ となることを確かめておこう。$z = f(x)$、$y = \log_e z$ と置く。

$$\frac{dy}{dx} = \frac{dy}{dz} \times \frac{dz}{dx}$$

$$= \frac{1}{z} \times f'(x)$$

$$= \frac{f'(x)}{f(x)}$$

これは公式として使うと便利である。

演習問題 5-3

次の関数 $f(x)$ の導関数 $f'(x)$ を求めよ。

(1) $f(x) = \log_e(\sin x + 5)$

(2) $f(x) = \cos(\log_5 x)$　　　　　　　　（答えは 260 ページ）

対数微分法

ある関数の導関数を求めるのに、はじめに対数をとってから微分するほうが便利なこともある。例えば次のような例である。

$$y = f(x) = (2x + 3)^5 (4x^2 - 5x + 8)^7$$

このままの形で微分するには、積の導関数の微分公式と合成関数の微分公式を用いて計算するので、結構複雑になる。

この両辺の対数をとってみると、「何乗」は「何倍」になり、積は和になってしまうので、導関数が求めやすい。

$$\log_e y = \log_e (2x + 3)^5 (4x^2 - 5x + 8)^7$$

$$y = 5 \log_e (2x + 3) + 7 \log_e (4x^2 - 5x + 8)$$

ここで両辺を x で微分するのであるが、左辺の y は x の関数なので合成関数の微分になり、まず y で微分して $\dfrac{1}{y}$ となり、次に $\dfrac{dy}{dx}$ をかけておく。

$$\frac{1}{y} \times \frac{dy}{dx} = \frac{5 \times 2}{2x + 3} + \frac{7 \times (8x - 5)}{4x^2 - 5x + 8}$$

$$\frac{dy}{dx} = y \times \left(\frac{5 \times 2}{2x + 3} + \frac{7 \times (8x - 5)}{4x^2 - 5x + 8} \right)$$

$$= (2x + 3)^5 (4x^2 - 5x + 8)^7 \times \left(\frac{5 \times 2}{2x + 3} + \frac{7 \times (8x - 5)}{4x^2 - 5x + 8} \right)$$

このようにして、「対数をとって微分して導関数を求める」方法を対数微分法という。この方法が有効な例として、$(x^k)' = kx^{k-1}$ がある。この公式は k が正の整数のときには二項定理から求められたが、k が一般の実数の場合をここで証明する。

$y = x^k$ の両辺の対数をとる。

$$\log_e y = \log_e x^k = k \log_e x$$

この両辺を x で微分する。左辺の微分は、はじめに y で微分して、それに $\dfrac{dy}{dx}$ をかけておく

$$\frac{1}{y} \times \frac{dy}{dx} = k \times \frac{1}{x} = \frac{k}{x}$$

$$\frac{dy}{dx} = y \times \frac{k}{x} = x^k \times \frac{k}{x}$$

$$= k \times x^{k-1}$$

これで、$(x^k)' = kx^{k-1}$ が、すべての実数 k に対して使えることになる。

例題 5-4

次の関数 $f(x)$ の導関数 $f'(x)$ を求めよ。

(1) $f(x) = \dfrac{(4x^3 + 7x^2 + 8x)^7}{(2x^3 - 5x + 7)^5}$

(2) $f(x) = \sqrt[5]{x^3}$

解答

両辺の対数をとると次のようになる。この両辺を x で微分する。

(1) $\log_e y = 7\log_e|4x^3 + 7x^2 + 8x| - 5\log_e|2x^3 - 5x + 7|$

$\dfrac{1}{y} \times \dfrac{dy}{dx} = \dfrac{7(12x^2 + 14x + 8)}{4x^3 + 7x^2 + 8x} - \dfrac{5(6x^2 - 5)}{2x^3 - 5x + 7}$

$\dfrac{dy}{dx} = y \times \left\{ \dfrac{7(12x^2 + 14x + 8)}{4x^3 + 7x^2 + 8x} - \dfrac{5(6x^2 - 5)}{2x^3 - 5x + 7} \right\}$

$= \dfrac{(4x^3 + 7x^2 + 8x)^7}{(2x^3 - 5x + 7)^5} \times \left\{ \dfrac{7(12x^2 + 14x + 8)}{4x^3 + 7x^2 + 8x} - \dfrac{5(6x^2 - 5)}{2x^3 - 5x + 7} \right\}$

(2) $\sqrt[5]{x^3} = x^{\frac{3}{5}}$ であるから、$(x^k)' = kx^{k-1}$ を使う。

$\dfrac{dy}{dx} = (\sqrt[5]{x^3})' = (x^{\frac{3}{5}})'$

$= \dfrac{3}{5} \times x^{\frac{3}{5} - 1}$

$= \dfrac{3}{5} x^{-\frac{2}{5}} = \dfrac{3}{5\sqrt[5]{x^2}}$

演習問題 5-4

次の関数 $f(x)$ の導関数 $f'(x)$ を求めよ。

(1) $f(x) = x^x$

(2) $f(x) = x^{\sin x}$ （答えは 261 ページ）

第6章

積分の考え方と計算

　積分は単なる「微分の逆」ではない。時間の変化に対するある量の変化率が与えられたとき、一定時間に蓄積される量を求める計算なのである。このことを理解するために、「微分の逆である不定積分」からではなく、「蓄積量を求める定積分」から説明していく。高等学校の教科書は、積分を微分の逆である不定積分から説明している。蓄積量を求める、「細かく分けてかけて足す」という説明がないために、大学へ行き、物理や工学などで困ることになるのである。

　ある薬品工場で、原料から製品の液体が製造されていく工程があると
しよう。製造されていく工程を分析してみると、t 秒後に製造される量
の速さ（生産速度）は $f(t) = 2t$ L/s であることがわかったとする。この前
提から、「2 秒後から 4 秒後までの 2 秒間に製造される液体の量はどの
くらいになるか？」という問題を解析してみよう。

　生産速度が一定ならばかけ算ですむところである。例えば、生産速度
が 5L/s と一定ならば、2 秒間に蓄積する液体の量は、5L/s × 2s = 10L
となる。これは小学校で学ぶ、かけ算の意味から理解できる。

　ここでは、生産速度が刻々と変化しているのである。そこで、2 秒後
から 4 秒後の間を細かく区切って、その区間では近似的に等速であると
してみる。t 秒後の速度が $f(t) = 2t$ であるから、2 秒後の速度は $f(2) =$
$2 × 2 = 4$、2.5 秒後の速度は $f(2.5) = 2 × 2.5 = 5$、3 秒後の速度は $f(3)$
$= 2 × 3 = 6$、3.5 秒後の速度は $f(3.5) = 2 × 3.5 = 7$ となる。この間の
0.5 秒間は等速であったとすると、2 秒から 4 秒の間の蓄積量の近似値
は次のようになる。

$$f(2) × 0.5 + f(2.5) × 0.5 + f(3) × 0.5 + f(3.5) × 0.5$$
$$= 4 × 0.5 + 5 × 0.5 + 6 × 0.5 + 7 × 0.5$$
$$= 11$$

$\sum$ を使って表すと次のようになる。

$$\sum_{x=2}^{x=3.5} f(x) × 0.5 = \sum_{x=2}^{x=3.5} 2x × 0.5 = 11$$

ここで、等速とする幅が 0.5 では大ざっぱすぎるので、刻み幅を 0.1 としてみると、次のようになる。

$$\sum_{x=2}^{x=3.9} f(x) \times 0.1 = \sum_{x=2}^{x=3.9} 2x \times 0.1 = 11.8$$

さらに刻み幅を小さくして 0.0000001 としてみると、次のようになる。

$$\sum_{x=2}^{x=3.9999999} f(x) \times 0.0000001 = \sum_{x=2}^{x=3.9999999} 2x \times 0.0000001$$
$$= 11.9999998$$

ここでわかるのは、平均速度であるとして近似する刻み幅が小さくなっていくと、「2 秒後から 4 秒後の間の蓄積量は 12L に近くなっていく」ということである。この過程を次のように表す。

$$\lim_{dx \to 0} \sum_{x=2}^{x=4-dx} f(x) \times dx = \int_{2}^{4} f(x)\,dx$$

このような蓄積量を一般には、「関数 $f(x)$ の、2 から 4 までの定積分の値」というのである。

例題 6-1

$f(x) = x^2$ の場合、3 から 5 までの定積分 $\int_{3}^{5} x^2\,dx$ の近似値を、$dx = 0.00001$ として求めよ。

解答

定積分は次のようになる。

$$\int_{x=3}^{x=5} f(x)\,dx = \int_{x=3}^{x=5} x^2\,dx = \lim_{dx \to 0} \sum_{x=3}^{x=5-dx} f(x)\,dx$$

$dx = 0.00001$ とすると次のような値になる。

$$\sum_{x=3}^{x=5-dx} x^2 \times 0.00001 = 32.6666\cdots$$

この計算は手作業では不可能で、コンピュータの数学ソフトを使うしかない。

定積分と面積・体積

定積分は、図形上では面積や体積を表している。複雑な図形でも面積や体積を求めるのに定積分が活躍してくれる。定積分$\int_3^5 2x\,dx$をグラフで表してみると、面積が対応することがわかる。定積分を計算する和の計算で、刻み幅を0.2とすると、$2x \times 0.2$は、グラフの上では長方形の面積になるからである。

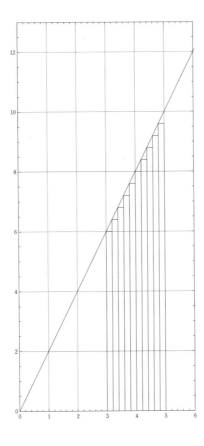

長方形の刻み幅を 0.1 とすると、次のようなグラフになる。

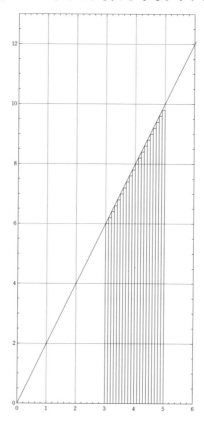

長方形の刻み幅を 0.05 とすると、次のようなグラフになる。

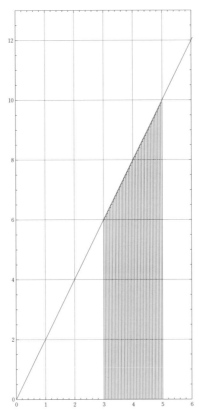

　刻み幅を小さくしていくと、定積分は関数と x 軸との間の図形の面積に近くなっていくことがわかる。このことは、定積分$\int_3^5 2x\,dx$ だけでなく、一般の定積分にもいえるので、定積分は図形上では面積になる。

「$\displaystyle\int_a^b f(x)dx$ は、$x=a$、$x=b$ の範囲で、関数 $y=f(x)$ と x 軸とで囲まれた図形の面積」

　さらに一般には、2 つの曲線 $y=f(x)$ と $y=g(x)$ で囲まれた図形の面積 S は定積分で表される。

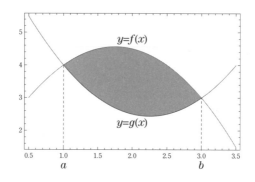

$$S = \int_a^b \{f(x) - g(x)\} \, dx \tag{6.1}$$

定積分の線形性

定積分については、次のような線形性が成り立つ。

$$\int_a^b \{f(x) + g(x)\} \, dx = \int_a^b f(x) \, dx + \int_a^b g(x) \, dx$$

$$\int_a^b kf(x) \, dx = k \int_a^b f(x) \, dx$$

これは、定積分が和 $\sum$ に由来しているため、$\sum$ の線形性がそのまま引き継がれるので、当然成り立つ性質である。

また、積分する区間を2つに分割して足しても同じなので、次の性質も成り立つ。

$$\int_a^b f(x) \, dx = \int_a^c f(x) \, dx + \int_c^b f(x) \, dx$$

定積分による蓄積量を求める計算をよく考えてみる。時刻 x における蓄積速度 $f(x)$ は、時刻 x における蓄積量 $F(x)$ の変化の速度であり、蓄積量 $F(x)$ を微分したものということである。はじめの薬品の生産速度の例で考えれば、$F'(x) = f(x) = 2x$ となる $F(x)$ を探すこととなる。これはすぐに $F(x) = x^2$ であることが思い出せるであろう。

$F(x)$ は、x 秒後の蓄積量であるから、2 秒後から 4 秒後の間の蓄積量は、$F(4) - F(2) = 4^2 - 2^2 = 12$ となり、2 秒後から 4 秒後までの蓄積量は 12L であることになる。定積分を求めるときに近似した数値と合っていることがわかる。そこで、このような蓄積量を次のように計算できる。

$$\int_2^4 f(x)\,dx = [F(x)]_2^4 = F(4) - F(2)$$

一般に、$[H(x)]_a^b$ は次のような意味である。

$$[H(x)]_a^b = H(b) - H(a)$$

微分して $f(x)$ となる関数のことを $f(x)$ の「原始関数」という。$(x^2)' = 2x$ であるから、x^2 は $2x$ の原始関数である。

実は、微分して $2x$ になる関数は x^2 だけではなく、たくさんありうる。$(x^2 + 6)' = 2x$ とか、$(x^2 - 3.14)' = 2x$ など、定数の微分は 0 なので、いくらでもありうるのである。そこで、定数を C で表して、$F(x) = x^2 + C$ と表せることになる。

定数が確定しないと関数として確定しないが、定数の任意性をそのままにして、「不定積分」というのである。不定積分は一つの原始関数（どれでもよい）$F(x)$ を使って次のように表す。定数 C は「積分定数」と呼ばれる。

$$\int f(x)\,dx = F(x) + C$$

定積分との関係は次のようになる。蓄積量を 2 通りの方法で表したので、両者は等しいのである。

$$\int_a^b f(x)\,dx = \left[\int f(x)\,dx\right]_a^b \tag{6.2}$$

原始関数を求める公式

原始関数を求める計算は微分計算の逆であるから、微分の公式を逆に見ればよい。ここまで学んだ微分の主な公式を表にしておくと次のようになる。

関数 $f(x)$	導関数 $f'(x)$
x^n	nx^{n-1}
$\sin x$	$\cos x$
$\cos x$	$-\sin x$
$\sin kx$	$k\cos kx$
$\cos kx$	$-k\sin kx$
e^x	e^x
a^x	$a^x \log_e a$
$\log_e x$	$\dfrac{1}{x}$
$\log_a x$	$\dfrac{1}{x\log_e a}$

この公式を左右そのまま入れ替えると次のようになる。

関数 $f(x)$	原始関数 $F(x) = \int f(x)\,dx$
nx^{n-1}	x^n
$\cos x$	$\sin x$
$-\sin x$	$\cos x$
$k\cos kx$	$\sin kx$
$-k\sin kx$	$\cos kx$
e^x	e^x
$a^x \log_e a$	a^x
$\dfrac{1}{x}$	$\log_e x$
$\dfrac{1}{x\log_e a}$	$\log_a x$

ここまでは、原始関数を求める公式としては少し不便なので、次のように書き換えておく。このようにできることは、$F(x)$ を微分すれば $f(x)$ となることからすぐにわかるだろう。

関数 $f(x)$	原始関数 $F(x) = \int f(x)\,dx$
x^n	$\dfrac{1}{n+1} x^{n+1}$
$\sin x$	$-\cos x$
$\cos x$	$\sin x$
$\sin kx$	$-\dfrac{1}{k} \cos kx$
$\cos kx$	$\dfrac{1}{k} \sin kx$
e^x	e^x
a^x	$\dfrac{a^x}{\log_e a}$
$\dfrac{1}{x}$	$\log_e x$

「$2x$ の原始関数を 1 つ求めよ」といわれたら、x^2 でも $x^2 + 5$ でもよいことになるが、「$2x$ の不定積分を求めよ」といわれたら、$x^2 + C$ と、どれか 1 つの原始関数に積分定数 C をつけておけばよい。

例題 6-2

次の不定積分を求めよ。

(1) $\displaystyle\int x^5\,dx$

(2) $\displaystyle\int \sin 5x\,dx$

(3) $\displaystyle\int \cos 8x\,dx$

(4) $\displaystyle\int e^{3x}\,dx$

(5) $\displaystyle\int 3^x\,dx$

(6) $\displaystyle\int \frac{4}{x}\,dx$

解答

(1) $\int x^5\,dx = \dfrac{1}{6}\,x^6 + C$

(2) $\int \sin 5x\,dx = -\dfrac{1}{5}\cos 5x + C$

(3) $\int \cos 8x\,dx = \dfrac{1}{8}\sin 8x + C$

(4) $\int e^{3x}\,dx = \dfrac{1}{3}\,e^{3x} + C$

(5) $\int 3^x\,dx = \dfrac{3^x}{\log_e 3} + C$

(6) $\int \dfrac{4}{x}\,dx = 4\log_e x + C$

演習問題 6-1

次の不定積分を求めよ。

(1) $\int x^3\,dx$

(2) $\int \sin 7x\,dx$

(3) $\int \cos 5x\,dx$

(4) $\int e^{5x}\,dx$

(5) $\int 5^x\,dx$

(6) $\int \dfrac{3}{x}\,dx$

（答えは 262 ページ）

例題 6-3

式(6.2)を用いて、次の定積分を不定積分から求めよ。

(1) $\displaystyle\int_1^2 4x^3\,dx$

(2) $\displaystyle\int_0^\pi \cos x\,dx$

解答

式(6.2)を用いるので、はじめに不定積分を求める。

(1) $\displaystyle\int_1^2 4x^3\,dx = \left[x^4\right]_1^2$

$$= 2^4 - 1^4 = 16 - 1 = 15$$

(2) $\displaystyle\int_0^\pi \cos x\,dx = \left[\sin x\right]_0^\pi$

$$= \sin \pi - \sin 0 = 0 - 0 = 0$$

演習問題 6-2

式(6.2)を用いて、次の定積分を不定積分から求めよ。

(1) $\displaystyle\int_2^3 2x^5\,dx$

(2) $\displaystyle\int_0^{\frac{\pi}{2}} \sin x\,dx$ （答えは 263 ページ）

例題 6-4

放物線 $y = f(x) = -x^2 + 4x$ と、直線 $y = g(x) = 2x$ とで囲まれた部分の面積を求めよ。

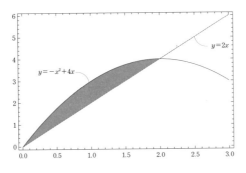

解答

2つの線の交点の x 座標は、$-x^2 + 4x = 2x$ を解いて、$x = 0$、$x = 2$ となる。2つの線で囲まれた図形の面積は式(6.1)で求められる。ただし、定積分を計算するのに不定積分を利用する。

$$
\begin{aligned}
S &= \int_0^2 \{f(x) - g(x)\}\,dx = \int_0^2 ((-x^2 + 4x) - 2x)\,dx \\
&= \int_0^2 (-x^2 + 2x)\,dx \\
&= \left[-\frac{1}{3}x^3 + 2 \times \frac{1}{2}x^2 \right]_0^2 \\
&= -\frac{8}{3} + 4 = \frac{4}{3}
\end{aligned}
$$

—— 演習問題 6-3 ——

2つの曲線 $y = f(x) = \cos x$ $(0 \leqq x \leqq 2\pi)$、$y = g(x) = \sin x$

$(0 \leqq x \leqq 2\pi)$ で囲まれた図の水色の部分の面積を求めよ。

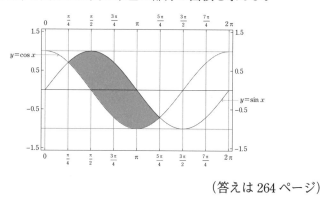

（答えは 264 ページ）

原始関数と不定積分の線形性

微分の計算と同じように、積分の計算、つまり、原始関数や不定積分を求めるのにも線形性が威力を発揮する。

不定積分の線形性とは次の性質である。

(1) $\displaystyle\int \{f(x) + g(x)\}\,dx = \int f(x)\,dx + \int g(x)\,dx$

(2) $\displaystyle\int kf(x)\,dx = k \int f(x)\,dx$

これらの積分の線形性は、微分の線形性から容易に導くことができる。すなわち、

(1) $f(x)$ の原始関数の一つを $F(x)$、$g(x)$ の原始関数の一つを $G(x)$ とすると、

$F'(x) = f(x)$、$G'(x) = g(x)$ となるが、微分の線形性から

$F'(x) + G'(x) = \{F(x) + G(x)\}'$

つまり、$f(x) + g(x) = \{F(x) + G(x)\}'$ となり、

これは、$f(x) + g(x)$ の原始関数の 1 つが、$F(x) + G(x)$ であることを意味する。

積分定数を加えた不定積分でも同じで、

$$\int \{f(x) + g(x)\}\, dx = \int f(x)\, dx + \int g(x)\, dx$$

(2)　$f(x)$ の原始関数の 1 つを $F(x)$ とすると、$F'(x) = f(x)$ となるが、微分の線形性から $kF'(x) = \{kF(x)\}'$ つまり、$kf(x) = \{kF(x)\}'$ となり、これは、$kf(x)$ の原始関数の 1 つが $kF(x)$ であることを意味している。積分定数を加えた不定積分でも同じで、

$$\int kf(x)\, dx = k \int f(x)\, dx$$

例題 6-5

次の不定積分を求めよ。

$$\int \left(6x^3 + 5\sin 7x + 8e^{3x} + \frac{1}{x} \right) dx$$

解答

線形性を使い、それぞれの不定積分を求めて加えればよい。積分定数はまとめて 1 つの C とすればよい。

$$\int \left(6x^3 + 5\sin 7\,x + 8e^{3x} + \frac{1}{x} \right) dx$$

$$= 6 \times \frac{1}{4} x^4 + C_1 + 5 \times \frac{1}{7}(-\cos 7x) + C_2 + 8 \times \frac{1}{3} e^{3x} + C_3 + \log_e x + C_4$$

$$= \frac{3x^4}{2} - \frac{5\cos 7x}{7} + \frac{8e^{3x}}{3} + \log_e x + C$$

次の不定積分を求めよ。

$$\int \left(7x^4 + 3\cos 4x + 5 \times 6^x + \frac{9}{x} \right) dx \qquad \text{（答えは 265 ページ）}$$

6-3 部分積分と置換積分

少し複雑な積分をするときに欠かせないのが「部分積分」と「置換積分」の技法である。

部分積分

部分積分の公式とは次の式である。はじめに不定積分の場合を示す。

$$\int f(x)g(x)\,dx$$

$$=\left\{\int f(x)dx\right\}\times g(x)-\int\left\{\int f(x)dx\right\}\times g'(x)dx$$

この計算が成り立つのは、積の導関数の公式による。

$$\{F(x)G(x)\}' = F'(x)G(x) + F(x)G'(x)$$

この式を積分すると次の式になる。

$$F(x)G(x) = \int F'(x)G(x)dx + \int F(x)G'(x)dx$$

移項すると次のようになる。

$$\int F'(x)G(x)dx = F(x)G(x) - \int F(x)G'(x)dx$$

第6章 積分の考え方と計算

169

ここで、$F'(x) = f(x)$、$G(x) = g(x)$ と置くと、$F(x) = \int f(x)\,dx + C$ となるから、

$$\int f(x)g(x)\,dx$$

$$= \left\{ \int f(x)\,dx + C \right\} g(x) - \int \left\{ \int f(x)\,dx + C \right\} \times g'(x)\,dx$$

$$= \left\{ \int f(x)\,dx \right\} g(x) - \int \left\{ \int f(x)\,dx \right\} \times g'(x)\,dx$$

最後の変形は、$\int f(x)\,dx$ の不定積分における積分定数 C は、$Cg(x) - Cg(x) = 0$ で消えてしまうので、つけなくてよいことを意味している。

定積分の場合も同じで、次のようになる。

$$\int_a^b f(x)g(x)\,dx$$

$$= \left[\left\{ \int f(x)\,dx \right\} \times g(x) \right]_a^b - \int_a^b \left\{ \int f(x)\,dx \right\} \times g'(x)\,dx$$

例題 6-6

次の不定積分と定積分を求めよ。

(1) $\int x \cos x\,dx$

(2) $\int_0^1 xe^{2x}\,dx$

解答

(1) $\displaystyle\int x\cos x\,dx = x(\sin x) - \int 1\times(\sin x)\,dx$

$= x\sin x + \cos x$

(2) $\displaystyle\int_0^1 xe^{2x}\,dx = \left[\,x\times\frac{1}{2}\,e^{2x}\,\right]_0^1 - \int_0^1 1\times\frac{1}{2}\,e^{2x}\,dx$

$\displaystyle = \frac{e^2}{2} - \left[\,\frac{1}{2}\times\frac{1}{2}\,e^{2x}\,\right]_0^1$

$\displaystyle = \frac{e^2}{2} - \frac{1}{4}\,e^2 + \frac{1}{4}$

$\displaystyle = \frac{e^2+1}{4}$

演習問題 6-5

次の不定積分と定積分を求めよ。

(1) $\displaystyle\int x\sin x\,dx$

(2) $\displaystyle\int_0^1 xe^{3x}\,dx$　　　　　　　　（答えは 265 ページ）

置換積分

$f(t)$の積分において、$t = g(x)$として、tの積分に変換する置換積分の式は次のようになる。

$$\int f(t)\,dt = \int f(g(x))g'(x)\,dx$$

この式は、$\frac{dt}{dx} = g'(x)$において、dxを両辺に掛けて、$dt = g'(x)\,dx$として、これを代入すればよい。

定積分の場合には、x の範囲が t の範囲に変更される。$a = g\,(\alpha)$、$b = g(\beta)$ のとき、次のように表される。

$$\int_a^b f(x)\,dx = \int_\alpha^\beta f(g(t))\,g'(t)\,dt$$

置換積分の説明としては定積分のほうがわかりやすいかもしれない。定積分は dx を小さく取り、和 $\sum f(x)dx$ を計算して、$dx \to 0$ とするのであったが、$dt = g'(x)dx$ とするのが自然だからである。

例題 6-7

次の不定積分と定積分を求めよ。

(1) $\displaystyle\int x(x^2 + 3)^4\,dx$

(2) $\displaystyle\int_2^3 x^2 \cos x^3\,dx$

解答

(1) $x^2 + 3 = t$ と置く。$\dfrac{dt}{dx} = 2x$ より、$dt = 2xdx$ となるので、$xdx = \dfrac{1}{2}\,dt$ だから、

$$\int (x^2 + 3)^4 x\,dx = \int t^4 \times \frac{1}{2}\,dt = \frac{t^5}{10} + C = \frac{(x^2 + 3)^5}{10} + C$$

(2) $x^3 = t$ と置く。$\dfrac{dt}{dx} = 3x^2$ より、$dt = 3x^2\,dx$、$x^2\,dx = \dfrac{1}{3}\,dt$。また、$x = 2$ となるのは、$t = 2^3 = 8$ のとき、$x = 3$ となるのは、$t = 3^3 = 27$ のときであるから、

$$\int_2^3 x^2 \cos x^3\, dx = \int_8^{27} \frac{1}{3} \cos t\, dt = \frac{1}{3} \big[\sin t\big]_8^{27}$$

$$= \frac{1}{3} (\sin 27 - \sin 8)$$

演習問題 6-6

次の不定積分と定積分を求めよ。

(1) $\int x^2 (x^3 + 5)^4\, dx$

(2) $\int_0^1 (4x^3 + 6x) \sin(x^4 + 3x^2)\, dx$ （答えは 266 ページ）

6-4 三角関数の積の積分

最後の章の「関数のフーリエ級数展開」では、三角関数の積分がたくさん登場する。ここではその前に、三角関数の積についての積分をまとめておく。

はじめに次の定積分を求めてみよう。

$$I = \int_0^{2\pi} \sin 5x \cos 3x \, dx$$

ここで、積を和に変換する公式 (3.11)（94 ページ）を思い出そう。

$$\sin 5x \cos 3x = \frac{1}{2}\{\sin(5x + 3x) + \sin(5x - 3x)\}$$
$$= \frac{1}{2}(\sin 8x + \sin 2x)$$

積のままでは積分できないが、これなら積分できて、次のようになる。

$$I = \int_0^{2\pi} \frac{1}{2}(\sin 8x + \sin 2x)\,dx$$
$$= \frac{1}{2}\left[-\frac{1}{8}\cos 8x - \frac{1}{2}\cos 2x\right]_0^{2\pi}$$
$$= \frac{1}{2}\left\{-\frac{1}{8}(1-1) - \frac{1}{2}(1-1)\right\} = 0$$

一般に、m、n は正の整数、$m \neq n$ のとき、

$$\int_0^{2\pi} \sin mx \cos nx \, dx = \frac{1}{2}\left\{\int_0^{2\pi} \sin(m+n)x + \sin(m-n)x\right\}dx$$

$$= \frac{1}{2}\left[-\frac{\cos(m+n)x}{m+n} - \frac{\cos(m-n)x}{m-n}\right]_0^{2\pi}$$

$$= \frac{1}{2}\left\{-\frac{1}{m+n}(1-1) - \frac{1}{m-n}(1-1)\right\} = 0$$

$m = n$ のときは、2倍角の公式より、次のように計算できる。

$$\sin mx \cos mx = \frac{1}{2}(\sin 2mx)$$

$$\int_0^{2\pi} \frac{1}{2}\sin 2mx \, dx$$

$$= \frac{1}{2}\left[-\frac{1}{2m}\cos 2mx\right]_0^{2\pi}$$

$$= \frac{1}{2}\left\{-\frac{1}{2m}(1-1)\right\} = 0$$

例題 6-8

m、n は正の整数、$m \neq n$ のとき、次の積分の値を求めよ。

$$I = \int_0^{2\pi} \sin mx \sin nx \, dx$$

解答

積を和に変換する公式を使う。

$$\sin mx \sin nx = -\frac{1}{2}\{\cos(m+n)x - \cos(m-n)x\}$$

$$I = \int_0^{2\pi} \sin mx \sin nx \, dx$$

$$= \int_0^{2\pi} -\frac{1}{2} \{\cos(m+n)x - \cos(m-n)x\} \, dx$$

$$= -\frac{1}{2}\left[\frac{\sin(m+n)x}{m+n} - \frac{\sin(m-n)x}{m-n}\right]_0^{2\pi}$$

$$= -\frac{1}{2}(0 - 0) = 0$$

演習問題 6-7

m、n は正の整数、$m = n$ のとき、次の積分の値を求めよ。

$$I = \int_0^{2\pi} \sin mx \sin nx \, dx$$

例題 6-9

m、n は正の整数、$m \neq n$ のとき、次の積分の値を求めよ。

$$I = \int_0^{2\pi} \cos mx \cos nx \, dx$$

解答

積を和に変換する公式を使う。

$$\cos mx \cos nx = \frac{1}{2}\{\cos(m+n)x + \cos(m-n)x\}$$

$$I = \int_0^{2\pi} \cos mx \cos nx \, dx$$

$$= \int_0^{2\pi} \frac{1}{2} \{\cos(m+n)x + \cos(m-n)x\} \, dx$$

$$= \frac{1}{2} \left[\frac{\sin(m+n)x}{m+n} + \frac{\sin(m-n)x}{m-n} \right]_0^{2\pi}$$

$$= \frac{1}{2}(0+0) = 0$$

演習問題 6-8

m、n は正の整数、$m = n$ のとき、次の積分の値を求めよ。

$$I = \int_0^{2\pi} \cos mx \cos nx \, dx$$

（答えは 268 ページ）

第 6 章　積分の考え方と計算

第 7 章

三角関数のテイラー展開

　三角関数が整関数の無限級数で表せることを学ぶ。指数関数も整関数の無限級数で表すことにより、三角関数と指数関数が結びつくのである。

　一見、何の関係もなさそうな指数関数が三角関数と結びつくという、すごい内容なのである。

　幅広い関数が整関数の無限級数で表せるというのが「テイラー展開」であり、これを詳しく述べる。整関数は扱いやすいので、「テイラー展開」により、三角関数などの一般の関数がわかりやすくなってくる。

　いろいろな関数が多項式の和で表せるというのがテイラー展開であるが、その基礎になるのがテイラーの定理であり、次のように表せる。

テイラーの定理

　閉区間$(a \leqq x \leqq b)$においてn回微分可能である関数$f(x)$において、次の式が成り立つ。

$$f(b) = \sum_{k=0}^{n-1} \frac{f^{(k)}(a)}{k!}(b-a)^k + f^{(n)}(c)\frac{(b-a)^n}{n!}$$

$a < c < b$となるcが存在する。

　ただし、このテイラーの定理の証明にはロルの定理が必要であり、ロルの定理を証明するには最大値・最小値の存在定理が必要なので、最初に最大値・最小値の存在定理から紹介する。

最大値・最小値の存在定理

　有界閉区間$[a, b]$で連続な関数$f(x)$は、この区間内の少なくともある一点で最大値と最小値をとる。

　この定理も証明できるのだが、本書ではそこまで立ち入らず、これを前提に議論を進める。詳しくは、微分積分の専門書を参照されたい。

ロルの定理

　関数 $f(x)$ が、区間 $[a, b]$ で連続で、(a, b) で微分可能で、$f(a) = f(b)$ であるとする。このとき $a < c < b$ となる c で、$f'(c) = 0$ なる c が存在する。

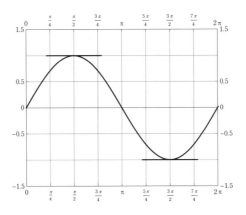

ロルの定理の証明

(1)　$f(x) > f(a)$ となる x があるとする。最大値・最小値の存在定理から、c で最大値 $f(c)$ をとるとする。$f(c + \varDelta x) - f(c) < 0$ となる。$\varDelta x > 0$ とすると、$\dfrac{f(c + \varDelta x) - f(c)}{\varDelta x} < 0$　となり、

$$f'(c) = \lim_{\varDelta x \to +0} \frac{f(c + \varDelta x) - f(c)}{\varDelta x} \leqq 0$$

$\varDelta x < 0$ とすると、$\dfrac{f(c + \varDelta x) - f(c)}{\varDelta x} > 0$　となり、

$$f'(c) = \lim_{\varDelta x \to -0} \frac{f(c + \varDelta x) - f(c)}{\varDelta x} \geqq 0$$

この 2 つの不等式から $f'(c) = 0$　が得られる。

(2)　$f(x) < f(a)$ となる x がある場合にも、最小値 $f(c)$ をとるとして、ほとんど同じ議論で $f'(c) = 0$ が得られる。

(3)　(1)、(2)以外の場合、関数 $f(x)$ は定数関数となり、$a < c < b$ となるので $f'(c) = 0$ である。

以上より、ロルの定理が証明された。

テイラーの定理の証明

準備ができたので、テイラーの定理の証明ができる。

はじめに、

$$f(b) = f(a) + \sum_{k=1}^{n-1} \frac{f^{(k)}(a)}{k!}(b-a)^k + T\frac{(b-a)^n}{n!} \tag{7.1}$$

となる T をとる。すなわち、

$$T = \frac{f(b) - f(a) - \sum_{k=1}^{n-1} f^{(k)}(a)\frac{(b-a)^k}{k!}}{\frac{(b-a)^n}{n!}}$$

と置く。

ここで、関数 $F(x)$ を次のように定める。

$$F(x) = f(x) + \sum_{k=1}^{n-1} f^{(k)}(x)\frac{(b-x)^k}{k!} + T\frac{(b-x)^n}{n!} \tag{7.2}$$

すると式(7.1)より、$F(a) = f(b)$ が得られる。また式(7.2)より、$F(b) = f(b)$ が得られる。$F(a) = F(b)$ となるのでロルの定理が使えて、$c(a < c < b)$ となる c が存在して、$F'(c) = 0$ となる。

$F'(x)$ を計算してみる。途中でプラスマイナスでほとんどの項が打ち消しあって消えてしまう。

$$F'(x) = f'(x) + \frac{f^{(2)}(x)}{1!}(b-x) - \frac{f'(x)}{1!} + \frac{f^{(3)}(x)}{2!}(b-x)^2$$

$$- \frac{f^{(2)}}{2!}2(b-x) + \cdots + \frac{f^{(n)}}{(n-1)!}(b-x)^{n-1}$$

$$- \frac{f^{(n-1)}(x)}{(n-1)!}(n-1)(b-x)^{n-2} - \frac{T}{n!}n(b-x)^{n-1}$$

$$= \frac{f^{(n)}(x)}{(n-1)!}(b-x)^{n-1} - \frac{T}{(n-1)!}(b-x)^{n-1}$$

$$= \frac{f^{(n)}(x) - T}{(n-1)!}(b-x)^{n-1}$$

ここで $x = c$ と置くと、$f^{(n)}(c) = T$ が得られ、式(7.1)に代入すればよい。

$\dfrac{f^{(n)}(c)}{n!}(b-a)^n$ が $n \to \infty$ のとき 0 に収束すると、関数 $f(x)$ は無限級数で表せる。指数関数 e^x や三角関数 $\sin x$、$\cos x$ のときには $\dfrac{f^{(n)}(c)}{n!}(b-a)^n \to 0 \,(n \to \infty)$ となる。関数がこのような無限級数で表されたとき、テイラー級数という。

$$f(x) = f(a) + \frac{1}{1!}f'(a)(x-a) + \frac{1}{2!}f^{(2)}(a)(x-a)^2 + \cdots$$

$$\cdots + \frac{1}{n!}f^{(n)}(a)(x-a)^n + \cdots \tag{7.3}$$

$a = 0$ のとき、特にマクローリン展開ともいうが、本書ではすべてをテイラー展開と呼ぶ。

$$f(x) = f(0) + \frac{1}{1!}f'(0)x + \frac{1}{2!}f^{(2)}(0)x^2 + \cdots + \frac{1}{n!}f^{(n)}(0)x^n + \cdots$$

また、多項式の級数

$$f(x) = a_0 + a_1 x + a_2 x^2 + a_3 x^3 + \cdots + a_n x^n + \cdots$$

が x のどのような範囲で収束するかは、収束半径 R というものがあり、$|x| < R$ では収束し、$|x| > R$ では発散することが知られている。収束半径 R は次の式で定まっている（これをダランベールの判定法と呼ぶ）。

$$R = \frac{1}{A} \qquad A = \lim_{n \to \infty} \left| \frac{a_{n+1}}{a_n} \right|$$

式(7.3)において、$a = 0$ として、$f(x) = e^x$ をテイラー展開してみよう。

$$f(x) = e^x \quad f(0) = 1$$
$$f'(x) = e^x \quad f'(0) = 1$$
$$f^{(2)}(x) = e^x \quad f^{(2)}(0) = 1$$
$$\vdots$$
$$f^{(n)}(x) = e^x \quad f^{(n)}(0) = 1$$

より、次のように展開できる。

$$e^x = 1 + x + \frac{1}{2!}x^2 + \frac{1}{3!}x^3 + \cdots + \frac{1}{n!}x^n + \cdots$$

収束半径 R を確認してみる。

$$A = \lim_{n \to \infty} \left| \frac{a_{n+1}}{a_n} \right| = \lim_{n \to \infty} \frac{\frac{1}{(n+1)!}}{\frac{1}{n!}} = \lim_{n \to \infty} \frac{1}{n+1} = 0$$

$$R = \frac{1}{A} = \infty$$

収束半径が無限大なので、すべての実数で収束することがわかる。

1次、2次、3次までの項を図示してみると、次のようになる。次数を高くすると、$y = e^x$ への近似が次第によくなっていくことがわかる。

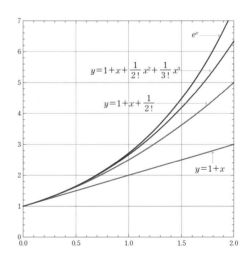

例題 7-1

式 (7.3) において、$a = 0$ として、$f(x) = \sin x$ をテイラー展開せよ。

解答

$f(x) = \sin x \quad f(0) = 0$

$f'(x) = \cos x \quad f'(0) = 1$

$f^{(2)}(x) = -\sin x \quad f^{(2)}(0) = 0$

$f^{(3)}(x) = -\cos x \quad f^{(3)}(0) = -1$

$f^{(4)}(x) = \sin x \quad f^{(4)}(0) = 1$

あとは 4 項ごとに同じ結果になっていく。m を 0 以上の整数として、

$$
f^{(n)}(0) = \begin{cases} 0 & (n = 4m) \\ 1 & (n = 4m + 1) \\ 0 & (n = 4m + 2) \\ -1 & (n = 4m + 3) \end{cases}
$$

より、次のように展開できる。

$$
\sin x = 0 + 1 \cdot x + \frac{0}{2!} x^2 + \frac{(-1)}{3!} x^3 + \frac{0}{4!} x^4 + \frac{1}{5!} x^5
$$

$$
+ \frac{0}{6!} x^6 + \frac{(-1)}{7!} x^7 + \cdots
$$

$$
= x - \frac{1}{3!} x^3 + \frac{1}{5!} x^5 - \frac{1}{7!} x^7 + \cdots \tag{7.4}
$$

$$
= \sum_{n=0}^{\infty} \frac{(-1)}{(2n+1)!} x^{2n+1}
$$

収束半径を確認してみる。$a_n = \dfrac{(-1)^n}{(2n+1)!}$ とすると、

$a_{n+1} = \dfrac{(-1)^{n+1}}{(2n+3)!}$ より、

$$A = \lim_{n \to \infty} \left| \frac{a_{n+1}}{a_n} \right| = \lim_{n \to \infty} \left| \frac{\dfrac{(-1)^{n+1}}{(2n+3)!}}{\dfrac{(-1)^n}{(2n+1)!}} \right|$$

$$= \lim_{n \to \infty} \left| -\frac{1}{(2n+2)(2n+3)} \right| = 0$$

$$R = \frac{1}{A} = \frac{1}{0} = \infty$$

収束半径が無限大なので、すべての実数で収束することがわかる。

1次から7次までの項を図示してみると、次のようになる。次数を高くすると、$y = \sin x$ への近似が次第によくなっていくことがわかる。

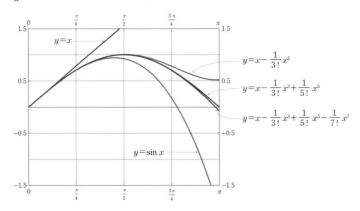

同様に、$\cos x$ のテイラー展開は次のようになる。収束半径は ∞ と確認できる。

$$\cos x = 1 - \frac{1}{2!} x^2 + \frac{1}{4!} x^4 - \frac{1}{6!} x^6 + \cdots \tag{7.5}$$

─── 演習問題 7-1 ───

式(7.3)において、$a = 0$ として、$f(x) = \cos x$ をテイラー展開せよ。また、収束半径を確認し、6次までの近似式をグラフに表せ。

（答えは268ページ）

第 8 章

複素数関数の指数関数

　はじめに、複素数を知らない人のために、「複素数とは何か」から始める。数学では、複素数を積極的に活用したガウスが、複素数を平面上(ガウス平面とか複素数平面と呼ぶ)の数として理解することを提唱してから、複素数がわかりやすくなったのである。文部科学省が定める高等学校の学習指導要領では、複素数平面を 10 年ごとに高校の内容に入れたり出したりしている。困ったことである。ここでは、複素数平面の導入から始める。

8-1 複素数の導入

　実数しか知らない人に、「複素数 i とは、2乗して -1 になる数のことである」といってもピンと来ないのが普通である。「どこにそのような数があるの？」といわれてしまう。

　そんなときには、数直線上に実数があることを拡張して、平面上に複素数があると考えてみるのである。つまり、$2 \times (-1) = (-2)$、$(-2) \times (-1) = (+2)$ となることを、平面上で考えて、「(-1) を掛けるとは、$180°$ 回転すること」と解釈して、この考えを平面上に拡張するのである。

　そうすると、$i \times i = -1$ は、i に i を掛けると $180°$ 回転するので、i を掛けることを、「$90°$ 回転すること」とすればうまくいく。i 自身は $1 \times i = i$ であるから、座標平面上で、$(0, 1)$ にある点のことだと考えられる。

8-2 複素数の四則演算

複素数とは xy 座標平面上において、例えば、ベクトル $(3, 4)$ を複素数 $3 + 4i$ と表すのである。複素数の加法と減法はベクトルの加法・減法から定められる。

$$(x_1 + y_1 i) \pm (x_2 + y_2 i) = (x_1 \pm x_2) + (y_1 \pm y_2)i$$

掛け算は回転と関係するので、xy 平面という、直交座標の他に極座標を導入する。

極座標とは、原点 O と半直線 OX を設定しておいて、点の位置を、原点からの距離 r（これを動径と呼ぶ）と、OX とのなす角 θ（これを偏角と呼ぶ）で表し、$< r, \ \theta >$ と記す。

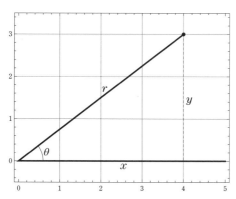

直交座標の $(x, \ y)$ との関係は次のようになっている。

$$(x, \ y) = < r, \ \theta >, \ r = \sqrt{x^2 + y^2}, \ \begin{cases} x = r\cos\theta \\ y = r\sin\theta \end{cases}$$

2つの複素数の掛け算は、極座標を用いて次のように定める。

$z_1 = <r_1,\ \theta_1>$、 $z_2 = <r_2,\ \theta_2>$のとき、

$$z_1 \times z_2 = <r_1 r_2,\ \theta_1 + \theta_2>$$

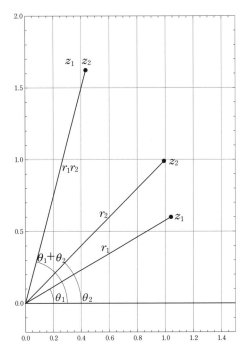

ここで、極座標で定めた掛け算を、直交座標で表してみよう。

$$z_1 = x_1 + y_1 i = \sqrt{x_1^2 + y_1^2}\,(\cos\theta_1 + i\sin\theta_1)$$
$$z_2 = x_2 + y_2 i = \sqrt{x_2^2 + y_2^2}\,(\cos\theta_2 + i\sin\theta_2)$$

とする。

極座標による積の定義から、

$$z_1 z_2 = (x_1 + iy_1) \times (x_2 + iy_2)$$

$$= \sqrt{x_1^2 + y_1^2}\,(\cos\theta_1 + i\sin\theta_1) \times \sqrt{x_2^2 + y_2^2}\,(\cos\theta_2 + i\sin\theta_2)$$

$$= \sqrt{x_1^2 + y_1^2}\,\sqrt{x_2^2 + y_2^2}\,\{\cos(\theta_1 + \theta_2) + i\sin(\theta_1 + \theta_2)\}$$

$$= \sqrt{x_1^2 + y_1^2}\,\sqrt{x_2^2 + y_2^2}\,\{\cos\theta_1\cos\theta_2 - \sin\theta_1\sin\theta_2$$
$$+ i(\sin\theta_1\cos\theta_2 + \cos\theta_1\sin\theta_2)\}$$

$$= (\sqrt{x_1^2 + y_1^2}\,\cos\theta_1\,\sqrt{x_2^2 + y_2^2}\,\cos\theta_2 - \sqrt{x_1^2 + y_1^2}\,\sin\theta_1\,\sqrt{x_2^2 + y_2^2}\,\sin\theta_2)$$
$$+ i(\sqrt{x_1^2 + y_1^2}\,\sin\theta_1\,\sqrt{x_2^2 + y_2^2}\,\cos\theta_2 + \sqrt{x_1^2 + y_1^2}\,\cos\theta_1\,\sqrt{x_2^2 + y_2^2}\,\sin\theta_2)$$

$$= (x_1 x_2 - y_1 y_2) + i(y_1 x_2 + x_1 y_2)$$

この結果は、形式的に

$$(x_1 + iy_1) \times (x_2 + iy_2) = x_1(x_2 + iy_2) + iy_1(x_2 + iy_2)$$

$$= x_1 x_2 + i^2(y_1 y_2) + i(x_1 y_2 + y_1 x_2)$$

$$= x_1 x_2 - y_1 y_2 + i(y_1 x_2 + x_1 y_2)$$

と計算した結果と一致している。つまり、複素数の掛け算は、分配法則を使って展開し、$i^2 = -1$ と置き換える計算と等しいことになる。

ド・モアブルの公式

また、$r = 1$ の複素数 $z = <1,\ \theta>$ の2乗は、$1^2 = 1$、$\theta + \theta = 2\theta$ となるので、$z \times z = <1,\ 2\theta>$ となる。n 乗すれば偏角が n 倍になるので、次の式が成り立つ。

$$z^n = <1,\ 0>^n = <1,\ n\theta> \quad 直交座標で表せば、$$
$$z^n = (\cos\theta + i\sin\theta)^n = \cos n\theta + i\sin n\theta$$

この式を**ド・モアブルの公式**という。$n = 2$ のときは次のようになり、

実は三角関数の 2 倍角の公式に他ならない。

$$(\cos \theta + i \sin \theta)^2 = \cos 2\theta + i \sin 2\theta$$

左辺を計算すると、$(\cos \theta + i \sin \theta) \times (\cos \theta + i \sin \theta) = (\cos^2\theta - \sin^2\theta) + i(2 \sin \theta \cos \theta)$ が得られるので、$\cos 2\theta = \cos^2\theta - \sin^2\theta$ と $\sin 2\theta = 2 \sin \theta \cos \theta$ が得られる。これが 2 倍角の公式であった。

今度は $n = 3$ とすれば、3 倍角の公式が得られる。

$$(\cos \theta + i \sin \theta)^3 = \cos 3\theta + i \sin 3\theta$$
$$左辺 = (\cos^2\theta - \sin^2\theta + 2i \sin \theta \cos \theta)(\cos \theta + i \sin \theta)$$
$$= \cos^3\theta - 3 \sin^2\theta \cos \theta + i(3 \sin \theta \cos^2\theta - \sin^3\theta)$$
$$= (4 \cos^3\theta - 3 \cos \theta) + i(3 \sin \theta - 4 \sin^3\theta) = 右辺$$

より、実数部分と虚数部分を比較して、

$$\cos 3\theta = 4 \cos^3\theta - 3 \cos \theta, \ \sin 3\theta = 3 \sin \theta - 4 \sin^3\theta$$

これが 3 倍角の公式である。

ド・モアブルは、アブラーム・ド・モアブル(A braham de Moivre, 1667 ～ 1754 年)で、フランスの数学者である。

例題 8-1

次の 2 つの複素数 z_1、z_2 の積を求めよ。

(1) $z_1 = < 2, \ \dfrac{\pi}{3} >$、$z_2 = < 3, \ \dfrac{\pi}{4} >$

(2) $z_1 = 3 + 4i$、$z_2 = 7 - 3i$

解答

（1）　動径は積、偏角は和になるので、

$$z_1 z_2 = <2 \times 3, \ \frac{\pi}{3} + \frac{\pi}{4}> = <6, \ \frac{7\pi}{12}>$$

（2）　分配法則で展開し、i^2 が出てきたら $i^2 = -1$ とする。

$z_1 z_2 = (3 + 4i) \times (7 - 3i) = 3 \times 7 + \{4 \times 7 + 3 \times (-3)\}i +$
$\qquad (4i) \times (-3i)$
$\quad = 21 + (28 - 9)i - 12i^2$
$\quad = 21 + 19i + 12 = 33 + 19i$

演習問題 8-1

（1）　次の 2 つの複素数 z_1、z_2 の積を求めよ。

（1-1）　$z_1 = <3, \ 26°>$、$z_2 = <4, \ 12°>$

（1-2）　$z_1 = -2 + 3i$、$z_2 = 7 + 4i$

（2）　$\theta = \dfrac{\pi}{10}$ のとき、$(\cos \theta + i \sin \theta)^{10}$ を求めよ。

（答えは 270 ページ）

8-3 複素数の指数関数

z が複素数のとき、z^3、z^7 などは意味があり、計算できる。しかし、指数関数 e^z はどのように定義したらよいのであろうか？ 実は複素数の指数関数の定義にはいくつかの流儀がある。「実数から複素数への解析接続」という方法もあるが、複素数関数のことを深く学ばないといけないので本書では扱わない。比較的やさしい方法としては、実数の指数関数のテイラー展開の式を活用して定義する方法がある。つまり、

$$e^z = \sum_{n=0}^{\infty} \frac{z^n}{n!}$$

もう一つは、$z = x + iy$ として、

$$e^z = e^{x+iy} = e^x(\cos y + i \sin y) \tag{8.1}$$

と定義する方法である。本書では、はじめにこの式(8.1)で定義して、以下の議論を展開していく。

(8.1)から出発するとき、$e^{z_1} e^{z_2} = e^{z_1 + z_2}$ が成り立つ。$z_1 = x_1 + iy_1$、$z_2 = x_2 + iy_2$、(x_1, x_2, y_1, y_2 は実数)とする。

$z_1 + z_2 = (x_1 + x_2) + i(y_1 + y_2)$

$e^{z_1} e^{z_2} = e^{z_1 + z_2}$(指数法則)を示す。

左辺$= e^{x_1}(\cos y_1 + i \sin y_1) \times e^{x_2}(\cos y_2 + i \sin y_2)$

$\qquad = e^{x_1 + x_2}(\cos y_1 \cos y_2 - \sin y_1 \sin y_2)$

$\qquad\qquad\qquad\quad + i(\sin y_1 \cos y_2 + \cos y_1 \sin y_2)$

$\qquad = e^{x_1 + x_2}\{\cos(y_1 + y_2) + i \sin(y_1 + y_2)\}$

$\qquad = e^{z_1 + z_2}$

ここで、三角関数の加法定理と式(8.1)を使った。

逆に、複素数の指数法則から、三角関数の加法定理が確認できる。

$z_1 = \cos\theta_1 + i \sin\theta_1$、

$z_2 = \cos\theta_2 + i \sin\theta_2$ と置くと、

(8.1)より

$e^{z_1 + z_2} = e^{z_1} \times e^{z_2}$　から、

$\cos(\theta_1 + \theta_2) + i \sin(\theta_1 + \theta_2) = (\cos\theta_1 + i \sin\theta_1)(\cos\theta_2 + i \sin\theta_2)$

$= (\cos\theta_1 \cos\theta_2 - \sin\theta_1 \sin\theta_2) + i(\sin\theta_1 \cos\theta_2 + \cos\theta_1 \sin\theta_2)$

となる

実数部分と虚数部分を等しいと置けば、次の加法定理が確認できる。

$$\begin{cases} \cos(\theta_1 + \theta_2) = \cos\theta_1 \cos\theta_2 - \sin\theta_1 \sin\theta_2 \\ \sin(\theta_1 + \theta_2) = \sin\theta_1 \cos\theta_2 + \cos\theta_1 \sin\theta_2 \end{cases}$$

8-4 オイラーの公式

　式(8.1)は、$x = 0$ とすると次のような式になる。

$$e^{i\theta} = \cos\theta + i\sin\theta$$

　これが有名な**オイラーの公式**である。複素数の指数関数を使うと、指数関数と三角関数がこの式で結びついているという、すごい関係式なのである。たくさんある数学の式の中でも「もっとも美しい式」といわれたりする。『博士の愛した数式』(小川洋子の小説)にも登場する。

　特に、$\theta = \pi$ と置くと、$\cos\theta = -1$、$\sin\theta = 0$ となるので次の式が得られる。

$$e^{i\pi} = -1$$

この式を**オイラーの等式**という。

　オイラーの公式は、複素数の指数関数を(8.1)で定義すれば、成り立つのは当然なのである。複素数の指数関数を $e^z = \sum_{n=0}^{\infty} \dfrac{z^n}{n!}$ で定義した場合の証明を紹介しておこう。

$z = i\theta$ と置けば次のようになる。

$$e^z = 1 + \frac{1}{1!}\,z + \frac{1}{2!}\,z^2 + \frac{1}{3!}\,z^3 + \cdots + \frac{1}{n!}\,z^n + \cdots$$

$$e^{i\theta} = 1 + i\theta + \frac{1}{2!}\,(i\theta)^2 + \frac{1}{3!}\,(i\theta)^3 + \cdots$$

$$= 1 + i\theta - \frac{1}{2!}\,\theta^2 - \frac{i}{3!}\,\theta^3 + \frac{1}{4!}\,\theta^4 + \cdots$$

$$= \left(1 - \frac{1}{2!}\,\theta^2 + \frac{1}{4!}\,\theta^4 - \frac{1}{6!}\,\theta^6 + \cdots\right)$$

$$+ i\left(\theta - \frac{1}{3!}\,\theta^3 + \frac{1}{5!}\,\theta^5 - \frac{1}{7!}\,\theta^7 + \cdots\right)$$

$$= \cos\theta + i\sin\theta$$

最後は、$\sin\theta$ と $\cos\theta$ のテイラー展開(7.4)、(7.5)による。

三角関数を指数関数で表す

オイラーの公式と、θ を $-\theta$ に変えた式を並べてみる。

$$\begin{cases} e^{i\theta} = \cos\theta + i\sin\theta \\ e^{-i\theta} = \cos\theta - i\sin\theta \end{cases}$$

2つの式を足して、また引いて 2 や $2i$ で割ると、次の式が得られる。

$$\begin{cases} \cos\theta = \dfrac{e^{i\theta} + e^{-i\theta}}{2} \\[2mm] \sin\theta = \dfrac{e^{i\theta} - e^{-i\theta}}{2i} \end{cases}$$

三角関数が、複素数関数を媒介にしてはいるが、指数関数で表されている。三角関数と指数関数は定義がまるで異なるが、深く結びついていることになる。

　この式を使えば、加法定理を使う面倒な計算を、指数関数の指数法則で置き換えられる。例えば、$(\sin \theta)^4$ は、加法定理や 3 倍角、4 倍角の式をつくらなくても、指数法則で求められる。

$$
\begin{aligned}
\sin^4 \theta &= \left(\frac{e^{i\theta} - e^{-i\theta}}{2i}\right)^4 \\
&= \frac{1}{16}\left(e^{i4\theta} - 4e^{i2\theta} + 6 - 4e^{-i2\theta} + e^{-i4\theta}\right) \\
&= \frac{1}{16}(\cos 4\theta + i\sin 4\theta - 4\cos 2\theta - 4i\sin 2\theta + 6 \\
&\quad - 4\cos 2\theta + 4i\sin 2\theta + \cos 4\theta - i\sin 4\theta) \\
&= \frac{1}{16}(2\cos 4\theta - 8\cos 2\theta + 6) \\
&= \frac{1}{8}(\cos 4\theta - 4\cos 2\theta + 3)
\end{aligned}
$$

これは、$\sin^4\theta$ を積分するときに役に立つ。

第**9**章

フーリエ級数展開

　「フーリエ級数展開」というのは、任意の関数をサインとコサインの式、三角関数で表現しようというものである。「任意の関数」というのは少し言い過ぎだが、たいていの関数は大丈夫である。しかも、ある区間で定義された関数を周期的に次の区間で定義した周期関数に拡張しても、同じ三角関数で表されるという優れものである。

フーリエ級数展開は次のような形になっている。$f(x)$ は、元の関数を、周期が T になるように周期化した関数である。

$$f(x) = \frac{a_0}{2} + \sum_{n=1}^{\infty} \left(a_n \cos\left(\frac{2\pi nx}{T}\right) + b_n \sin\left(\frac{2\pi nx}{T}\right) \right) \tag{9.1}$$

a_0、a_n、b_n は、x に依存しない定数で、次のように定まる。

$$a_0 = \frac{2}{T} \int_0^T f(x)\,dx \tag{9.2}$$

$$a_n = \frac{2}{T} \int_0^T f(x) \cos\left(\frac{2\pi nx}{T}\right) dx \tag{9.3}$$

$$b_n = \frac{2}{T} \int_0^T f(x) \sin\left(\frac{2\pi nx}{T}\right) dx \tag{9.4}$$

この式の説明(証明)は後回しにして、はじめに、どのように優れているかをいくつかの例で紹介しておこう。

まずは、次のような階段関数をフーリエ級数展開してみよう。

$$f(x) = \begin{cases} 0 & (0 < x < 1) \\ 1 & (1 < x < 2) \end{cases}$$

この関数を周期 2 の周期関数に拡張する。$T = 2$ となる。$0 < x < 4$ の範囲でグラフに表すと次のようになる。

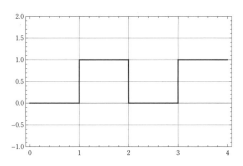

このとき、フーリエ級数展開の係数 a_0、a_n、b_n を求めてみる。

$$a_0 = \int_0^2 f(x)\,dx = \int_1^2 1\,dx = [x]_1^2 = 1$$

$$a_n = \int_0^2 f(x)\cos(\pi nx)\,dx = \int_1^2 1 \times \cos(\pi nx)\,dx$$

$$= \left[\frac{1}{\pi n}\sin(\pi nx)\right]_1^2 = \frac{\sin(2n\pi) - \sin(n\pi)}{\pi n} = 0$$

$$b_n = \int_0^2 f(x)\sin(\pi nx)\,dx = \int_1^2 1 \times \sin(\pi nx)\,dx$$

$$= \left[-\frac{1}{\pi n}\cos(\pi nx)\right]_1^2 = -\frac{\cos(2n\pi) + \cos(n\pi)}{\pi n} = \frac{-1 + (-1)^n}{\pi n}$$

よって、$f(x)$ は、次のようにフーリエ級数展開できる。

$$f(x) = \frac{1}{2} + \sum_{n=1}^{\infty} b_n \sin(\pi nx) = \frac{1}{2} + \sum_{n=1}^{\infty}\left\{\frac{-1 + (-1)^n}{\pi n}\right\}\sin(\pi nx)$$

$n = 3$ までの近似式は、

$$f(x) = \frac{1}{2} + \sum_{n=1}^{3}\left\{\frac{-1 + (-1)^n}{\pi n}\right\}\sin(\pi nx)$$

となり、このグラフは次のようになる。

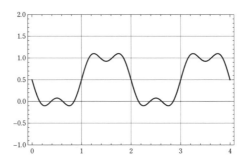

$n = 7$ までの近似式は、

$$f(x) = \frac{1}{2} + \sum_{n=1}^{7} \left(\frac{-1 + (-1)^n}{\pi n} \right) \sin(\pi n x)$$

となり、このグラフは次のようになる。

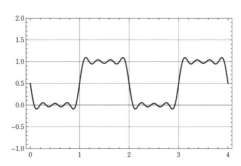

$n = 20$ までの近似式は、

$$f(x) = \frac{1}{2} + \sum_{n=1}^{20} \left(\frac{-1 + (-1)^n}{\pi n} \right) \sin(\pi n x)$$

となり、このグラフは次のようになる。

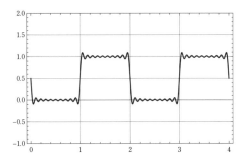

$n = 100$ までの近似式は、

$$f(x) = \frac{1}{2} + \sum_{n=1}^{100} \left\{ \frac{-1 + (-1)^n}{\pi n} \right\} \sin(\pi n x)$$

となり、このグラフは次のようになる。

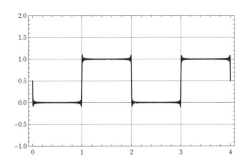

第9章 フーリエ級数展開

9-2 4 階段関数のフーリエ級数展開

次に、階段数が 4 個の階段関数をフーリエ級数展開してみよう。

関数 $g\ (x)$ を次のように定め、これを周期が $T = 4$ になるように拡張して関数 $f(x)$ をつくる。

$$g(x)=\begin{cases} 1 & (0 < x \leqq 1) \\ 2 & (1 < x \leqq 2) \\ 3 & (2 < x \leqq 3) \\ 4 & (3 < x \leqq 4) \end{cases}$$

$$f(x)=\begin{cases} g(x) & (0 < x \leqq 4) \\ g(x-4) & (4 < x \leqq 8) \\ g(x-8) & (8 < x \leqq 12) \\ \vdots & (\vdots) \end{cases}$$

$y = f(x)$ のグラフは次のようになる。

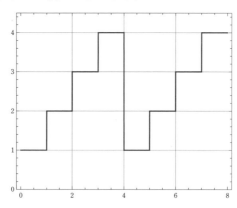

a_0、a_n、b_n を計算すると次のようになる。$T = 4$ である。

$$a_0 = \frac{2}{T} \int_0^T f(x)\,dx = 5$$

$$a_n = \frac{2}{T} \int_0^T f(x) \cos\left(\frac{2\pi n x}{T}\right) dx = 0$$

$$b_n = \frac{2}{T} \int_0^T f(x) \sin\left(\frac{2\pi n x}{T}\right) dx$$

$$= \frac{2\cos\left(\frac{n\pi}{2}\right) + \cos(n\pi) + \cos\left(\frac{3n\pi}{2}\right) - 4\cos(2n\pi) + 2\sin^2\left(\frac{n\pi}{4}\right)}{n\pi}$$

n に具体的な数を入れて b_n を求めると次のようになる。

$$b_1 = -\frac{4}{\pi}、\ b_2 = -\frac{2}{\pi}、\ b_3 = -\frac{4}{3\pi}、\ b_4 = 0、\ b_5 = -\frac{4}{5\pi}、$$

$$b_6 = -\frac{2}{3\pi}、\ b_7 = -\frac{4}{7\pi}、\ b_8 = 0$$

したがって、$n = 5$ までの具体的なフーリエ級数による近似式は次のようになる。

$$f(x) = \frac{a_0}{2} + \sum_{n=1}^{5} \left\{ a_n \cos\left(\frac{2\pi n x}{T}\right) + b_n \sin\left(\frac{2\pi n x}{T}\right) \right\}$$

$$= \frac{5}{2} - \frac{4}{\pi}\sin\left(\frac{\pi x}{2}\right) - \frac{2}{\pi}\sin\left(\frac{2\pi x}{2}\right) - \frac{4}{3\pi}\sin\left(\frac{3\pi x}{2}\right) - \frac{4}{5\pi}\sin\left(\frac{5\pi x}{2}\right)$$

この近似の関数のグラフは次のようになり、階段関数の近似としては粗すぎる。

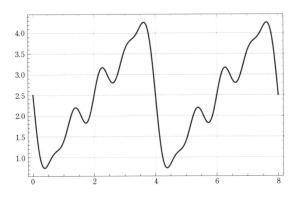

n の数を増やして、$n = 20$ とすると、

$$f(x) = \frac{a_0}{2} + \sum_{n=1}^{20} b_n \sin\left(\frac{2\pi nx}{T}\right)$$

　この近似の関数のグラフは次のようになり、階段関数に少し近くなってきたことがわかる。

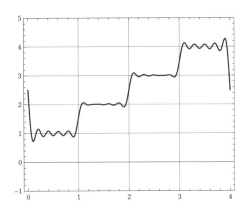

n の数をさらに増やして、$n = 100$ とすると、

$$f(x) = \frac{a_0}{2} + \sum_{n=1}^{100} b_n \sin\left(\frac{2\pi nx}{T}\right)$$

この近似の関数のグラフは次のようになり、階段関数にかなり近く
なっていることがわかる。

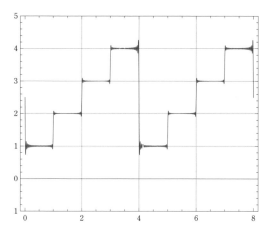

　次に、１次関数のフーリエ級数展開を紹介しておこう。単純な関数 $y = g(x) = x$ を、$0 < x < 2$ で定め、$2 < x < 4$ の値に対しては、周期的になるように $g(x-2)$ で定める。つまり次のような関数を扱うのである。周期は $T = 2$ となる。

$$y = f(x) = \begin{cases} g(x) & (0 < x \leqq 2) \\ g(x-2) & (2 < x \leqq 4) \\ \vdots & (\vdots) \\ g(x-n) & (n < x \leqq n+2) \end{cases}$$

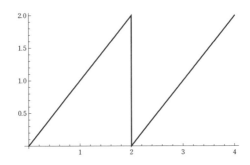

　この関数を、$\sin nx$ と $\cos nx$ の何倍かの和で近似するのである。a_0、a_n、b_n を求めておこう。

$$a_0 = \int_0^2 f(x)\,dx = \int_0^2 x\,dx = \left[\frac{1}{2}\,x^2\right]_0^2 = \frac{1}{2} \times 4 - 0 = 2$$

$$a_n = \int_0^2 f(x)\cos(\pi n x)\,dx = \int_0^2 x \times \cos(\pi n x)\,dx$$

$$= \left[\frac{x}{\pi n}\sin(\pi n x)\right]_0^2 - \int_0^2 \frac{1}{\pi n}\sin(n\pi x)\,dx$$

$$= 0 + \frac{1}{\pi n}\left[\frac{1}{\pi n}\cos(n\pi x)\right]_0^2$$

$$= 0 + \frac{1}{\pi n}\left(\frac{1}{\pi n}\left(-\cos(2n\pi) - (-\cos 0)\right)\right) = 0 + 0 = 0$$

$$b_n = \int_0^2 f(x)\sin(\pi n x)\,dx = \int_0^2 x \times \sin(\pi n x)\,dx$$

$$= \left[-x\,\frac{1}{\pi n}\cos(\pi n x)\right]_0^2 + \frac{1}{\pi n}\int_0^2 \cos(n\pi x)\,dx$$

$$= -2\,\frac{1}{\pi n} + 0 + \frac{1}{\pi n}\left[\frac{1}{\pi n}\sin(n\pi x)\right]_0^2$$

$$= -\frac{2}{\pi n} + \frac{1}{\pi^2 n^2}(0 - 0) = -\frac{2}{\pi n}$$

a_0、a_n、b_n の $n = 3$ までの近似では次の式になり、グラフは図のように
なる。$y = f(x)$ とは誤差が大きいことがわかる。

$$f(x) = \frac{2}{2} + \sum_{n=1}^{3}\left(0 \times \cos(\pi n x) - \frac{2}{\pi n}\sin(\pi n x)\right)$$

$$= 1 - \sum_{n=1}^{3}\frac{2}{\pi n}\sin(\pi n x)$$

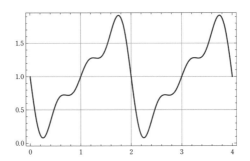

$n = 7$ までで近似した式は次のように求められる。

$$f(x) = \frac{2}{2} + \sum_{n=1}^{7} \left(0 \times \cos(\pi nx) - \frac{2}{\pi n} \sin(\pi nx) \right)$$

$$= 1 - \sum_{n=1}^{7} \frac{2}{\pi n} \sin(\pi nx)$$

$n = 7$ までの式で近似したグラフを描くと次のようになり、近似がよくなっていることがわかる。

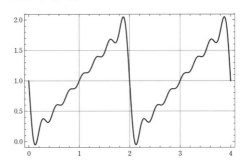

そこで、$n = 20$ までの式で近似したグラフを描くと次のようになり、近似がさらによくなっていることがわかる。

$$f(x) = \frac{2}{2} + \sum_{n=1}^{20} \left(0 \times \cos(\pi nx) - \frac{2}{\pi n} \sin(\pi nx) \right)$$

$$= 1 - \sum_{n=1}^{20} \frac{2}{\pi n} \sin(\pi nx)$$

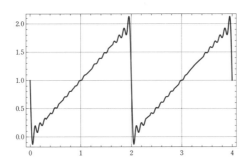

そこで、一気に $n = 100$ までの式で近似したグラフを描くと次のようになり、ほとんどもとの周期化した1次関数と違いがなくなっていることがわかる。

$$f(x) = \frac{2}{2} + \sum_{n=1}^{100} \left(0 \times \cos(\pi n x) - \frac{2}{\pi n} \sin(\pi n x) \right)$$

$$= 1 - \sum_{n=1}^{100} \frac{2}{\pi n} \sin(\pi n x)$$

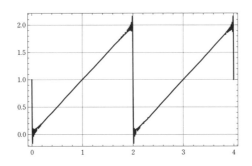

9-4 2次関数のフーリエ級数展開

　今度は2次関数をフーリエ級数展開した場合を紹介しておこう。はじめの2次関数を、$y = g(x) = x^2 (-1 < x \leqq 1)$ とする。この2次関数を、周期が2の周期関数に拡張する。$1 < x \leqq 3$ のとき、$f(x) = g(x - 2)$ とし、$3 < x \leqq 5$ のときは $f(x) = g(x - 4)$ と拡張する。このときの関数のグラフは次のようになる。

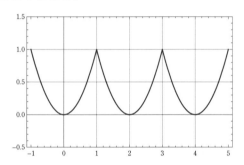

　2次関数に対するフーリエ級数展開をするために、a_0、a_n、b_n を求めておく。

$$b_n = \int_{-1}^{1} x^2 \sin(n\pi x)\,dx = 0$$

　これは、$x^2 \sin(n\pi x)$ が、奇関数であることによる。ただし、関数 $F(x)$ が奇関数であるとは、$F(-x) = -F(x)$ が成り立つ関数であり、グラフが原点に関して対称になるので、$\int_{-a}^{a} F(x)\,dx = 0$ となるのである。

$$a_0 = \int_{-1}^{1} f(x)\,dx = \int_{-1}^{1} x^2\,dx$$

$$= \left[\frac{1}{3} x^3 \right]_{-1}^{1} = \frac{1}{3} - \left(-\frac{1}{3} \right) = \frac{2}{3}$$

$$a_n = \int_{-1}^{1} x^2 \cos(n\pi x)\, dx$$

$$= \left[x^2 \frac{\sin(n\pi x)}{n\pi} \right]_{-1}^{1} - 2 \int_{-1}^{1} x\, \frac{\sin(n\pi x)}{n\pi}\, dx$$

$$= \frac{\sin(n\pi) - \sin(-n\pi)}{n\pi}$$

$$- \frac{2}{n\pi} \left\{ \left[x\, \frac{-\cos(n\pi x)}{n\pi} \right]_{-1}^{1} - \int_{-1}^{1} \frac{-\cos(n\pi x)}{n\pi}\, dx \right\}$$

$$- \frac{2}{n\pi} \left\{ -\frac{\cos(n\pi)}{n\pi} - (-1)\frac{-\cos(n\pi)}{n\pi} + \left[\frac{\sin(n\pi x)}{n^2\pi^2} \right]_{-1}^{1} \right\}$$

$$= -\frac{2}{n\pi} \left\{ \frac{-2\cos n\pi}{n\pi} + \frac{\sin n\pi - \sin(-n\pi)}{n^2\pi^2} \right\}$$

$$= -\frac{2}{n^3\pi^3} \left\{ -2n\pi \cos n\pi + 2\sin n\pi \right\}$$

$$= \frac{4n\pi \cos n\pi}{n^3\pi^3} = \frac{4\cos n\pi}{n^2\pi^2} = \frac{4(-1)^n}{n^2\pi^2}$$

a_n は、具体的に n の値を決めると次のように定まる。

$$a_1 = -\frac{4}{\pi^2} \qquad\qquad a_2 = \frac{1}{\pi^2}$$

$$a_3 = -\frac{4}{9\pi^2} \qquad\qquad a_4 = \frac{1}{4\pi^2}$$

$$a_5 = -\frac{4}{25\pi^2} \qquad\qquad a_6 = \frac{1}{9\pi^2}$$

$$a_7 = -\frac{4}{49\pi^2}$$

3次までの近似式は次のようになる。

$$f(x) = \frac{1}{3} - \frac{4}{\pi^2}\cos(\pi x) + \frac{1}{\pi^2}\cos(2\pi x) - \frac{4}{9\pi^2}\cos(3\pi x)$$

このグラフは次のようになる。

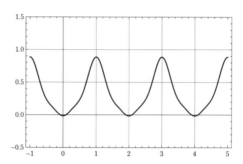

7次までの近似式は次のようになる。

$$f(x) = \frac{1}{3} - \frac{4}{\pi^2}\cos(\pi x) + \frac{1}{\pi^2}\cos(2\pi x) - \frac{4}{9\pi^2}\cos(3\pi x)$$

$$+ \frac{1}{4\pi^2}\cos(4\pi x) - \frac{4}{25\pi^2}\cos(5\pi x) + \frac{1}{9\pi^2}\cos(6\pi x) - \frac{4}{49\pi^2}\cos(7\pi x)$$

このグラフは次のようになる。

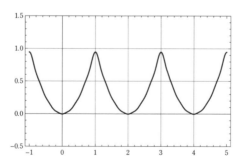

ついでに $n = 20$ の場合のグラフだけ紹介しておく。

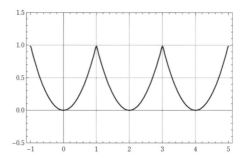

次第に 2 次関数に近くなっていくことがわかる。$n = \infty$とすれば$f(x)$そのものになるというのが「関数のフーリエ級数展開」というわけである。

9-5 3次関数のフーリエ級数展開

　もう一つ、3次関数のフーリエ級数展開の概略を紹介しておこう。

$-1 < x \leqq 1$での3次関数$g(x) = x^3$を、周期が2になるように拡張する。すなわち、

$$y = f(x) = \begin{cases} g(x) = x^3 & (-1 < x \leqq 1) \\ g(x-2) & (1 < x \leqq 3) \\ g(x-4) & (3 < x \leqq 5) \\ \vdots & \vdots \end{cases}$$

グラフは次のようになる。

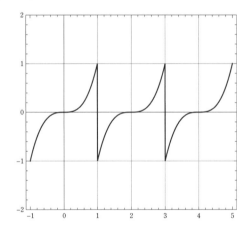

a_0、a_n、b_n は次のように定まる。

$$a_0 = \int_{-1}^{1} f(x)\,dx = \int_{-1}^{1} x^3\,dx = 0 \qquad （奇関数だから）$$

$$a_n = \int_{-1}^{1} x^3 \cos(n\pi x)\,dx = 0 \qquad （奇関数だから）$$

$$b_n = \int_{-1}^{1} x^3 \sin(n\pi x)\,dx$$

そこで、$n = 5$ までの近似式は次のようになる。

$$f(x) = \sum_{n=1}^{5} b_n \sin(n\pi x)$$

グラフは次のようになる。

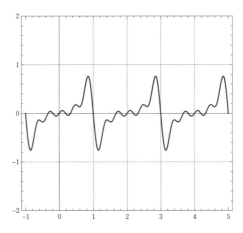

$n = 20$ までの近似式は次のようになる。

$$f(x) = \sum_{n=1}^{20} b_n \sin(n\pi x)$$

グラフは次のようになる。

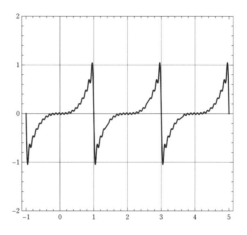

例題 9-1

　$0 < x \leqq 1$ においては x^2、$1 < x \leqq 2$ においては $-x + 2$ となる関数 $f(x)$ を、周期が $T = 2$ になるように拡張する。グラフは次のようになっている。

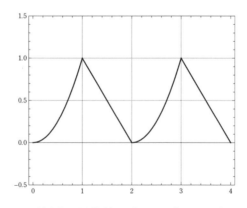

（1）　3 次までの近似式を具体的に求め、グラフで表せ。

（2）　7 次までの近似式をグラフで表せ。

（3）　20 次までの近似式をグラフで表せ。

解答

(9.2)、(9.3)、(9.4)にもとづいて積分を計算する。

$$a_0 = \frac{5}{6}$$

$$a_1 = -\frac{4}{\pi^2}$$

$$a_2 = \frac{1}{2\pi^2}$$

$$a_3 = -\frac{4}{9\pi^2}$$

$$b_1 = -\frac{4}{\pi^3}$$

$$b_2 = 0$$

$$b_3 = -\frac{4}{27\pi^3}$$

(1) $n = 3$ までの近似式は、具体的に次のように表される。

$$f(x) = \frac{5}{12} - \frac{4}{\pi^2}\cos(\pi x) + \frac{1}{2\pi^2}\cos(2\pi x) - \frac{4}{9\pi^2}\cos(3\pi x)$$

$$- \frac{4}{\pi^3}\sin(\pi x) - \frac{4}{27\pi^3}\sin(3\pi x)$$

この近似関数をグラフに表すと次のようになる。

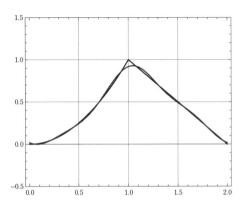

(2) $n = 7$ までのグラフは次のようになる。

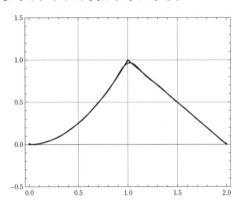

(3) $n = 20$ までのグラフは次のようになる。

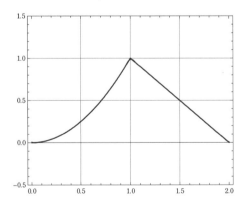

$0 < x \leqq 1$ においては $-x+1$、$1 < x \leqq 2$ においては $x-1$ となる関数 $f(x)$ を、周期が $T=2$ になるように拡張する。グラフは次のようになっている。

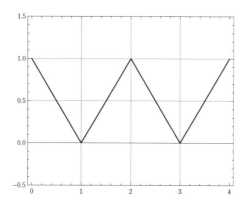

(1) 3 次までの近似式を具体的に求め、グラフで表せ。

(2) 7 次までの近似式をグラフで表せ。

(3) 20 次までの近似式をグラフで表せ。　（答えは 271 ページ）

例題 9-2

$0 < x \leqq 1$ においては $(x-1)^4$、$1 < x \leqq 2$ においては $(x-2)^2$ となる関数 $f(x)$ を、周期が $T=2$ になるように拡張する。グラフは次のようになっている。

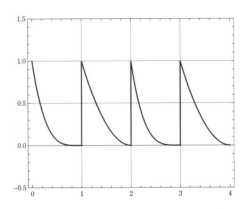

(1) 7 次までの近似式を具体的に求め、グラフで表せ。

(2) 20 次までの近似式をグラフで表せ。

(3) 100 次までの近似式をグラフで表せ。

解答

(9.2)、(9.3)、(9.4)にもとづいて積分を計算し、a_0、a_1、b_n を求める。(9.1)で近似して式を表してグラフにする。

(1) $n = 7$ までの近似式をグラフで示すと次のように表される。

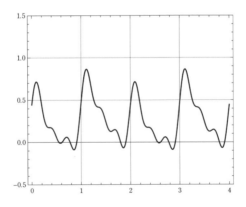

(2)　$n = 20$ までのグラフは次のようになる。

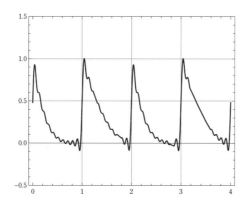

(3)　$n = 100$ までのグラフは次のようになる。

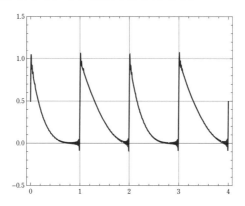

　以上の計算を手計算で行なうのは大変である。数学ソフトを活用する
のが賢明であろう。

　ここでは *Mathematica* という数学ソフトでの入力を紹介しておく。k
の値を変えれば、好きな次数までの近似のグラフが得られる。このプロ
グラムは、他のフーリエ級数展開でも変形して使える。数式の定義をほ
とんどそのまま入力すればよいのでありがたい。

　個々のコマンドの意味は *Mathematica* の解説書を読んで確かめてく
ださい。

これを参考にして、他のソフトでも同じようにできるだろう。

```
Clear[k]; k = 7;
Clear[f]; f[x_]: = Which[0 < x < 1,(x-1)^4,
1 < x < 2,(x-2)^2]; T = 2;
ff[x_]: = Which[0 < x < 2,f[x],2 < x < 4,
f[x-2]];
Clear[a0]; a0 = 2/T Integrate[ff[x],{x,0,T}],
Clear[n,an,bn];
an = 2/T Integrate[ff[x] Cos[2 Pi n x/T],
{x,0,T}];
bn = 2/T Integrate[ff[x] Sin[2 Pi n x/T],
{x,0,T}];
Plot[{a0/2 +
Sum[an Cos[2 Pi n x/T]+ bn Sin[2 Pi n x/T],
{n,1,k}]},{x,0,2 T},
GridLines- > Automatic,
PlotRange- > {-0.5,1.5},
Frame- > True,AspectRatio- > 0.8]
```

　$0 < x \leqq 1$ においては x、$1 < x \leqq 3$ においては $x - 2$ となる関数 $f(x)$ を、周期が $T = 3$ になるように拡張する。グラフは次のようになっている。

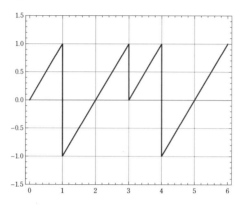

（1）　5 次までの近似式を具体的に求め、グラフで表せ。

（2）　20 次までの近似式をグラフで表せ。

（3）　100 次までの近似式をグラフで表せ。　（答えは 274 ページ）

第 9 章

フーリエ級数展開

9-6 指数関数のフーリエ級数展開

$-1 < x \leqq 1$ における指数関数 $g(x) = e^x$ を、周期 2 の周期関数に拡張して $f(x)$ と置く。

$$f(x) = \begin{cases} g(x) = e^x & (-1 < x \leqq 1) \\ g(x-2) & (1 < x \leqq 3) \\ \quad \vdots \end{cases}$$

この関数 $y = f(x)$ のグラフは次のようになる。

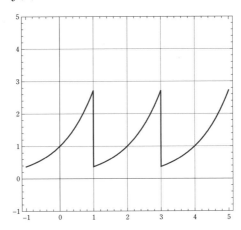

a_0、a_n、b_n は次のようになる。途中の計算は省略する。

$$a_0 = \int_{-1}^{1} e^x \, dx = \frac{e^2 - 1}{e}$$

$$a_n = \int_{-1}^{1} e^x \cos(n\pi x) \, dx = \frac{(e^2 - 1)(-1)^n}{e(n^2\pi^2 + 1)}$$

$$b_n = \int_{-1}^{1} e^x \sin(n\pi x) \, dx = \frac{-(e^2 - 1)(-1)^n}{e(n^2\pi^2 + 1)}$$

具体的に n の値を指定すると次のようになっている。

$$a_1 = \frac{-(e^2 - 1)}{e\pi^2 + e}、\ a_2 = \frac{e^2 - 1}{4e\pi^2 + e}、\ a_3 = -\frac{e^2 - 1}{9e\pi^2 + e}、\ a_4 = \frac{e^2 - 1}{16e\pi^2 + e}、$$
…

$$b_1 = \frac{(e^2 - 1)\pi}{e\pi^2 + e}、\ b_2 = -\frac{2(e^2 - 1)\pi}{4e\pi^2 + e}、\ b_3 = \frac{3(e^2 - 1)\pi}{9e\pi^2 + e}、$$

$$b_4 = -\frac{4(e^2 - 1)\pi}{16e\pi^2 + e}、\ …$$

$n = 5$ までの近似式は、具体的に次のようになっている。

$$f(x) = \frac{e^2 - 1}{2e}$$

$$+ \sum_{k=1}^{5} \left\{ (-1)^k \frac{e^2 - 1}{e + k^2 e\pi^2} \cos(k\pi x) + (-1)^{k+1} \frac{k(e^2 - 1)\pi}{e + k^2 e\pi^2} \sin(k\pi x) \right\}$$

このときのグラフは次のようになる。

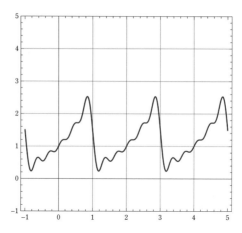

　まだあまり指数関数のようには見えないかもしれないが、周期的に、サインとコサイン関数で表されていることはわかるだろう。念のため、$n = 20$ までのグラフを示しておく。

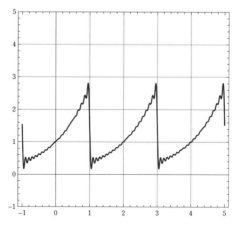

　このグラフでは、指数関数に近くなっていることがわかる。

　フーリエ級数展開とは、任意の関数 $f(x)$ を三角関数で近似すること
であったから、「三角関数のフーリエ級数展開」は必要ないと思うかも
しれない。しかし、「フーリエ級数展開」とは、sin と cos の何倍かの和
で表すことなので、次の三角関数などはすぐには表せないのでフーリエ
級数展開は意味があることになる。関数 $f(x)$ は、周期を $T=4$ として
拡張してあると考える。

$$f(x) = \sin^2 x + \cos^3(2x) \quad (0 < x \leqq 4)$$

　a_n、b_n は次の式で定まる。結論の式は省略して、グラフだけ示してお
こう。

$$a_0 = \int_0^T f(x)\,dx = \frac{1}{24}(48 + 3\sin 8 + \sin 24)$$

$$a_n = \frac{2}{T}\int_0^T f(x)\cos\left(\frac{2\pi nx}{T}\right)dx$$

$$b_n = \frac{2}{T}\int_0^T f(x)\sin\left(\frac{2\pi nx}{T}\right)dx$$

　$n=3$ までのグラフは、もとの関数 $f(x)$ のグラフとはかなり異なるこ
とがわかる。

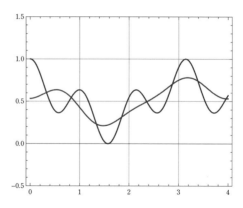

$n = 4$ までの近似ではもとの関数にかなり近いことがわかる。

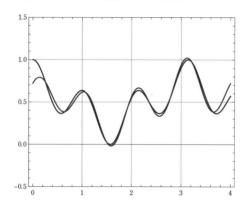

$n = 10$ までの近似では次のようになり、よりいっそうもとの関数に近いことがわかる。

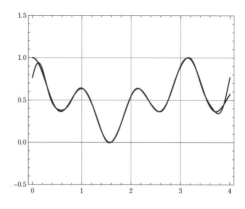

結局、グラフ上では、三角関数も次の式でフーリエ級数展開できることがわかる。

$$f(x) = \frac{a_0}{2} + \sum_{n=1}^{\infty} \left\{ a_n \cos\left(\frac{2\pi n x}{T}\right) + b_n \sin\left(\frac{2\pi n x}{T}\right) \right\}$$

さて最後に、周期 T の関数がフーリエ級数展開できることの式(9.1)の説明(証明)である。念のため、式(9.1)を再掲しておく。

$$f(x) = \frac{a_0}{2} + \sum_{n=1}^{\infty} \left\{ a_n \cos\left(\frac{2\pi nx}{T}\right) + b_n \sin\left(\frac{2\pi nx}{T}\right) \right\} \qquad (9.1)$$

ここでは、式(9.1)が成り立つとして、a_0、a_n、b_n が、式(9.2)、(9.3)、(9.4)で与えられることを確認する。つまり、$f(x)$ がサインとコサインの何倍かの和で表されたとして、その係数を確かめようというのである。これ以上の証明は、フーリエ解析の専門書にゆだねるしかない。

式(9.1)の両辺を 0 から T まで積分してみると次のようになる。

$$\int_0^T f(x)\,dx = \frac{a_0}{2} \int_0^T 1\,dx$$

$$+ \int_0^T \left\{ \sum_{n=1}^{\infty} a_n \cos\left(\frac{2\pi nx}{T}\right) + b_n \sin\left(\frac{2\pi nx}{T}\right) \right\}$$

$$= \frac{a_0}{2} \times T$$

$$+ \sum_{n=1}^{\infty} \left\{ a_n \int_0^T \cos\left(\frac{2\pi nx}{T}\right) dx + b_n \int_0^T \sin\left(\frac{2\pi nx}{T}\right) dx \right\}$$

ここで、無限級数と積分の順序を交換しているが、この正当性も専門書に譲る。

$$\int_0^T f(x)\,dx = \frac{a_0 T}{2}$$

$$+ \sum_{n=1}^{\infty} a_n \left[\frac{T}{2\pi n} \sin\left(\frac{2\pi n x}{T} \right) \right]_0^T + \sum_{n=1}^{\infty} b_n \left[-\frac{T}{2\pi n} \cos\left(\frac{2\pi n x}{T} \right) \right]_0^T$$

$$= \frac{a_0 T}{2} + \sum_{n=1}^{\infty} a_n \times \frac{T}{2\pi n} (0 - 0) - \sum_{n=1}^{\infty} b_n \times \frac{T}{2\pi n} (1 - 1)$$

$$= \frac{a_0 T}{2}$$

よって、次の式が得られる。

$$a_0 = \frac{2}{T} \int_0^T f(x)\,dx$$

a_n を求めるには、式(9.1)の両辺に $\cos\left(\dfrac{2\pi n x}{T} \right)$ をかけてから積分する。

$$\int_0^T f(x) \cos\left(\frac{2\pi n x}{T} \right) dx$$

$$= \sum_{k=1}^{\infty} a_k \left\{ \int_0^T \cos\left(\frac{2\pi k x}{T} \right) \cos\left(\frac{2\pi n x}{T} \right) dx \right.$$

$$\left. + b_k \int_0^T \sin\left(\frac{2\pi k x}{T} \right) \cos\left(\frac{2\pi n x}{T} \right) dx \right\}$$

ここで、$k \neq n$ のとき、積分は 0 になっている。これを確かめてみよう。積を和に変換する公式を使って変形する。

$$\int_0^T \cos\left(\frac{2\pi kx}{T}\right)\cos\left(\frac{2\pi nx}{T}\right)dx$$

$$= \int_0^T \frac{1}{2}\left\{\cos\left(\frac{2\pi(k+n)x}{T}\right) + \cos\left(\frac{2\pi(k-n)x}{T}\right)\right\}dx$$

$$= \frac{1}{2}\left[\frac{T}{2\pi(k+n)}\sin\left(\frac{2\pi(k+n)x}{T}\right) + \frac{T}{2\pi(k-n)}\sin\left(\frac{2\pi(k-n)x}{T}\right)\right]_0^T$$

$$= \frac{1}{2}\left\{\frac{T}{2\pi(k+n)}(0-0) + \frac{T}{2\pi(k-n)}(0-0)\right\} = 0$$

0 でなくて残るのは $k = n$ となる項のみである。このときは 2 倍角の公式から次のようになる。

$$\int_0^T \cos\left(\frac{2\pi nx}{T}\right)\cos\left(\frac{2\pi nx}{T}\right)dx$$

$$= \frac{1}{2}\int_0^T \left\{1 + \cos\left(\frac{4\pi nx}{T}\right)\right\}dx$$

$$= \frac{1}{2}\left[x + \frac{T}{4\pi n}\sin\left(\frac{4\pi nx}{T}\right)\right]_0^T$$

$$= \frac{1}{2}(T + (0-0))$$

$$= \frac{T}{2}$$

$\int_0^T \sin\left(\frac{2\pi kx}{T}\right)\cos\left(\frac{2\pi nx}{T}\right)dx$ については、例題と演習問題としておこう。

例題 9-3

$k \neq n$ のとき、次の定積分の値を求めよ。

$$I = \int_0^T \sin\left(\frac{2\pi kx}{T}\right)\cos\left(\frac{2\pi nx}{T}\right)dx$$

解答

積を和に変換する公式を使う。

$$I = \frac{1}{2}\int_0^T \left\{\sin\left(\frac{2\pi(k+n)x}{T}\right) + \sin\left(\frac{2\pi(k-n)x}{T}\right)\right\}dx$$

$$= \frac{1}{2}\left[-\frac{T}{2\pi(k+n)}\cos\left(\frac{2\pi(k+n)x}{T}\right) - \frac{T}{2\pi(k-n)}\cos\left(\frac{2\pi(k-n)x}{T}\right)\right]_0^T$$

$$= \frac{1}{2}\left\{-\frac{T}{2\pi(k+n)}\times(1-1) - \frac{T}{2\pi(k-n)}(1-1)\right\} = 0$$

--- 演習問題 9-3 ---

$k = n$ のとき、次の定積分の値を求めよ。

$$I = \int_0^T \sin\left(\frac{2\pi kx}{T}\right)\cos\left(\frac{2\pi nx}{T}\right)dx$$

（答えは 275 ページ）

なお、b_n についても次の式が示せるが、詳細な計算はここでは省略する。(9.1)の両辺に $\sin\left(\frac{2\pi nx}{T}\right)$ をかけて積分すればよい。

$$b_n = \frac{2}{T}\int_0^T f(x)\sin\left(\frac{2\pi nx}{T}\right)dx$$

第9章 フーリエ級数展開

第 **10** 章

演習問題と解答

演習問題 1-1

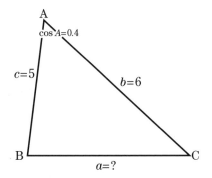

　三角形の 2 辺の長さが $b = 6$、$c = 5$ で、それらの辺に挟まれる角度 A のコサインが、$\cos A = 0.4$ であるとき、a を求めよ。

解答

　$a^2 = b^2 + c^2 - 2bc \cos A = 6^2 + 5^2 - 2 \times 6 \times 5 \times 0.4 = 37$　より、
$a = \sqrt{37} \fallingdotseq 6.08276$

演習問題 1-2

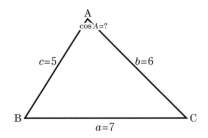

　三角形の 3 辺の長さが $a = 7$、$b = 6$、$c = 5$ であるとき、$\cos A$ の値を求めよ。また 27 頁の図を用いて、角度 A のおよその値を求めよ。

解答

$$\cos A = \frac{b^2 + c^2 - a^2}{2bc} = \frac{6^2 + 5^2 - 7^2}{2 \times 6 \times 5} = \frac{1}{5} = 0.2$$

27 頁の図から $A = 78°$ くらいだろうとわかる。（正確には $78.463°$ で、$\cos 78.463° = 0.200001$ である）

演習問題 2-1

次の値を求めよ。

$$\cos 225° = \cos \frac{5\pi}{4}$$

$$\sin 330° = \sin \frac{11\pi}{6}$$

$$\cos 330° = \cos \frac{11\pi}{6}$$

解答

$$\cos 225° = \cos \frac{5\pi}{4} = -\frac{1}{\sqrt{2}}$$

$$\sin 330° = \sin \frac{11\pi}{6} = -\frac{1}{2}$$

$$\cos 330° = \cos \frac{11\pi}{6} = \frac{\sqrt{3}}{2}$$

演習問題 2-2

cos 13° = 0.97437 を使って、sin 77° と sin 13° の値を求めよ。

解答

$\sin 77° = \sin(90° - 13°) = \cos 13° = 0.97437$

$\sin 13° = \sqrt{1 - \cos^2 13°} = \sqrt{0.0506031} \fallingdotseq 0.224951$

演習問題 2-3

(1) 関数 $y = 2\sin t$ のグラフを描け。

(2) 関数 $y = \sin t + 1$ のグラフを描け。

解答

(1) $y = 2\sin t$ のグラフは $y = \sin t$ のグラフを縦軸方向へ 2 倍に拡大したグラフになる。

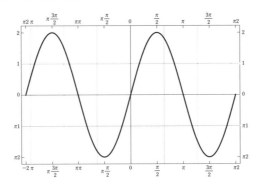

(2) $y = \sin t + 1$ のグラフは、$y = \sin t$ のグラフを縦軸方向へ 1 だけ平行移動したグラフになる。

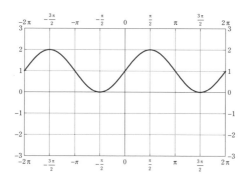

演習問題 2-4

cos $\theta = 0.4$ のとき、tan θ の値を求めよ。

解答

例題 2-4 の式を使えばよい。

$$
\begin{aligned}
\tan^2 \theta &= \sec^2 \theta - 1 \\
&= \left(\frac{1}{\cos \theta} \right)^2 - 1 \\
&= \left(\frac{1}{0.4} \right)^2 - 1 \\
&= 6.25 - 1 = 5.25 \\
\tan \theta &= \pm \sqrt{5.25} \fallingdotseq \pm\, 2.29129
\end{aligned}
$$

演習問題 2-5

次の式を証明せよ。

(1) $\cot\theta = \tan\left(\dfrac{\pi}{2} - \theta\right)$、$\tan\theta = \cot\left(\dfrac{\pi}{2} - \theta\right)$

(2) $\tan(\pi - \theta) = -\tan\theta$、$\cot(\pi - \theta) = -\cot\theta$

解答

(1) $\sin\left(\dfrac{\pi}{2} - \theta\right) = \cos\theta$、$\cos\theta\left(\dfrac{\pi}{2} - \theta\right) = \sin\theta$ より、

$$\tan\left(\frac{\pi}{2} - \theta\right) = \frac{\sin\left(\frac{\pi}{2} - \theta\right)}{\cos\left(\frac{\pi}{2} - \theta\right)}$$

$$= \frac{\cos\theta}{\sin\theta} = \cot\theta$$

$$\cot\left(\frac{\pi}{2} - \theta\right) = \frac{\cos\left(\frac{\pi}{2} - \theta\right)}{\sin\left(\frac{\pi}{2} - \theta\right)}$$

$$= \frac{\sin\theta}{\cos\theta} = \tan\theta$$

(2) $\sin(\pi - \theta) = \sin\theta$、$\cos(\pi - \theta) = -\cos\theta$ より、

$$\tan(\pi - \theta) = \frac{\sin(\pi - \theta)}{\cos(\pi - \theta)} = \frac{\sin\theta}{-\cos\theta} = -\tan\theta$$

$$\cot(\pi - \theta) = \frac{\cos(\pi - \theta)}{\sin(\pi - \theta)} = \frac{-\cos\theta}{\sin\theta} = -\cot\theta$$

(1) $\sin\alpha = \dfrac{1}{\sqrt{5}}$、$\cos\alpha = \dfrac{2}{\sqrt{5}}$、$\sin\beta = \dfrac{2}{\sqrt{7}}$、$\cos\beta = \dfrac{\sqrt{3}}{\sqrt{7}}$ のとき、次の値を求めよ。

$\cos(\alpha+\beta)$、$\cos(\alpha-\beta)$

(2) 加法定理を用いて次の値を求めよ。

$\sin 15°$、$\cos 15°$

解答

$\cos(\alpha+\beta)$、$\cos(\alpha-\beta)$ の加法定理を用いるだけでよい。

$$\begin{aligned}
\cos(\alpha+\beta) &= \cos\alpha\cos\beta - \sin\alpha\sin\beta \\
&= \frac{2}{\sqrt{5}} \times \frac{\sqrt{3}}{\sqrt{7}} - \frac{1}{\sqrt{5}} \times \frac{2}{\sqrt{7}} \\
&= \frac{2\sqrt{3}-2}{\sqrt{35}}
\end{aligned}$$

$$\begin{aligned}
\cos(\alpha-\beta) &= \cos\alpha\cos\beta + \sin\alpha\sin\beta \\
&= \frac{2}{\sqrt{5}} \times \frac{\sqrt{3}}{\sqrt{7}} + \frac{1}{\sqrt{5}} \times \frac{2}{\sqrt{7}} \\
&= \frac{2\sqrt{3}+2}{\sqrt{35}}
\end{aligned}$$

(2) $15° = 45° - 30°$ を用いると、加法定理から求められる。

$$\begin{aligned}
\sin 15° = \sin(45°-30°) &= \sin 45°\cos 30 - \cos 45°\sin 30° \\
&= \frac{1}{\sqrt{2}} \times \frac{\sqrt{3}}{2} - \frac{1}{\sqrt{2}} \times \frac{1}{2} \\
&= \frac{\sqrt{3}-1}{2\sqrt{2}}
\end{aligned}$$

$$\cos 15° = \cos(45° - 30°) = \cos 45° \cos 30° + \sin 45° \sin 30°$$

$$= \frac{1}{\sqrt{2}} \times \frac{\sqrt{3}}{2} + \frac{1}{\sqrt{2}} \times \frac{1}{2}$$

$$= \frac{1 + \sqrt{3}}{2\sqrt{2}}$$

演習問題 3-2

次のようなコタンジェントの加法定理を証明せよ。

$$\cot(\alpha + \beta) = \frac{\cot\alpha \cot\beta - 1}{\cot\alpha + \cot\beta}$$

$$\cot(\alpha - \beta) = \frac{\cot\alpha \cot\beta + 1}{\cot\beta - \cot\alpha}$$

解答

$$\cot(\alpha + \beta) = \frac{\cos(\alpha + \beta)}{\sin(\alpha + \beta)}$$

$$= \frac{\cos\alpha \cos\beta - \sin\alpha \sin\beta}{\sin\alpha \cos\beta + \cos\alpha \sin\beta} \qquad \text{分母、分子を } \sin\alpha \sin\beta \text{ で割る}$$

$$= \frac{\frac{\cos\alpha}{\sin\alpha} \frac{\cos\beta}{\sin\beta} - 1}{\frac{\cos\alpha}{\sin\alpha} + \frac{\cos\beta}{\sin\beta}}$$

$$= \frac{\cot\alpha \cot\beta - 1}{\cot\alpha + \cot\beta}$$

$$\cot(\alpha - \beta) = \frac{\cos(\alpha - \beta)}{\sin(\alpha - \beta)}$$

$$= \frac{\cos\alpha \cos\beta + \sin\alpha \sin\beta}{\sin\alpha \cos\beta - \cos\alpha \sin\beta} \qquad \text{分母、分子を } \sin\alpha \sin\beta \text{ で割る}$$

$$= \frac{\dfrac{\cos\alpha}{\sin\alpha}\dfrac{\cos\beta}{\sin\beta} + 1}{\dfrac{\cos\beta}{\sin\beta} - \dfrac{\cos\alpha}{\sin\alpha}}$$

$$= \frac{\cot\alpha\cot\beta + 1}{\cot\beta - \cot\alpha}$$

演習問題 3-3

(1) $\sin\alpha = \dfrac{1}{4}$ であるとき、$\sin 2\alpha$ と $\cos 2\alpha$ の値を求めよ。ただし、

$0 < \alpha < \dfrac{\pi}{2}$ とする。

(2) $\cos\alpha = \dfrac{1}{3}$ のとき、$\sin 2\alpha$ と $\cos 2\alpha$ の値を求めよ。ただし、

$0 < \alpha < \dfrac{\pi}{2}$ とする。

解答

(1) $\sin^2\alpha + \cos^2\alpha = 1$ であるから

$\cos\alpha = \pm\sqrt{1 - \sin^2\alpha} = \pm\sqrt{1 - \left(\dfrac{1}{4}\right)^2} = \pm\dfrac{\sqrt{15}}{4}$、

ここで、$0 < \alpha < \dfrac{\pi}{2}$ より $\cos\alpha > 0$ とわかるので、$\cos\alpha = \dfrac{\sqrt{15}}{4}$ と

なる。

ここで 2 倍角の公式から、

$$\sin 2\alpha = 2\sin\alpha\cos\alpha = 2 \times \frac{1}{4} \times \frac{\sqrt{15}}{4} = \frac{\sqrt{15}}{8}$$

$$\cos 2\alpha = 1 - 2\sin^2\alpha = 1 - 2 \times \left(\frac{1}{4}\right)^2 = \frac{7}{8}$$

(2) $0 < \alpha < \dfrac{\pi}{2}$ であるから $\sin\alpha > 0$ である。よって、

$$\sin\alpha = \sqrt{1 - \cos^2\alpha} = \sqrt{1 - \left(\frac{1}{3}\right)^2} = \sqrt{1 - \frac{1}{9}} = \frac{2\sqrt{2}}{3} \text{ となる。}$$

あとは 2 倍角の公式より、

$$\sin 2\alpha = 2\sin\alpha\cos\alpha = 2 \times \frac{2\sqrt{2}}{3} \times \frac{1}{3} = \frac{4\sqrt{2}}{9}$$

$$\cos 2\alpha = 2\cos^2\alpha - 1 = 2 \times \frac{1}{9} - 1 = -\frac{7}{9}$$

演習問題 3-4

半角の公式を用いて、$\sin\dfrac{\pi}{12} = \sin 15°$ と $\cos\dfrac{\pi}{12} = \cos 15°$ の値を求めよ。

解答

$\alpha = \dfrac{\pi}{6} = 30°$ と置いて、半角の公式を用いればよい。

$$\sin^2 15° = \frac{1 - \cos 30°}{2} = \frac{1 - \frac{\sqrt{3}}{2}}{2}$$

$$= \frac{2 - \sqrt{3}}{4}$$

$$\sin 15° = \frac{\sqrt{2 - \sqrt{3}}}{2} = \frac{\sqrt{4 - 2\sqrt{3}}}{2\sqrt{2}}$$

$$= \frac{\sqrt{(\sqrt{3} - 1)^2}}{2\sqrt{2}} = \frac{\sqrt{3} - 1}{2\sqrt{2}}$$

$$\cos^2 15° = \frac{1 + \cos 30°}{2} = \frac{1 + \frac{\sqrt{3}}{2}}{2}$$

$$= \frac{2 + \sqrt{3}}{4}$$

$$\cos 15° = \frac{\sqrt{2 + \sqrt{3}}}{2} = \frac{\sqrt{4 + 2\sqrt{3}}}{2\sqrt{2}}$$

$$= \frac{\sqrt{(\sqrt{3} + 1)^2}}{2\sqrt{2}} = \frac{\sqrt{3} + 1}{2\sqrt{2}}$$

次の式を満たす角 θ を、一般角で求めよ。

(1) $\sin 5\theta - \sin \theta = 0$

(2) $\cos 7\theta + \cos 3\theta = 0$

(3) $\cos 9\theta - \cos 3\theta = 0$

解答

(1) $\sin 5\theta - \sin \theta = 0$ 「和・差を積に直す公式」を使って、

$$2 \cos \frac{5\theta + \theta}{2} \sin \frac{5\theta - \theta}{2} = 0$$

$$\cos 3\theta \sin 2\theta = 0$$

$\cos 3\theta = 0$、または $\sin 2\theta = 0$

$3\theta = \dfrac{\pi}{2} + n\pi$、または $2\theta = n\pi$ （n は整数）

$\theta = \dfrac{\pi}{6} + \dfrac{n\pi}{3}$、または $\theta = \dfrac{n\pi}{2}$ （n は整数）

(2) $\cos 7\theta + \cos 3\theta = 0$ 「和・差を積に直す公式」を使って、

$$2 \cos \frac{7\theta + 3\theta}{2} \cos \frac{7\theta - 3\theta}{2} = 0$$

$$\cos 5\theta \cos 2\theta = 0$$

$\cos 5\theta = 0$、または $\cos 2\theta = 0$

$5\theta = \dfrac{\pi}{2} + n\pi$、または $2\theta = \dfrac{\pi}{2} + n\pi$ （n は整数）

$\theta = \dfrac{\pi}{10} + \dfrac{n\pi}{5}$、または $\theta = \dfrac{\pi}{4} + \dfrac{n\pi}{2}$ （n は整数）

(3)　$\cos 9\theta - \cos 3\theta = 0$

$$-2\sin\frac{9\theta + 3\theta}{2}\sin\frac{9\theta - 3\theta}{2} = 0$$

$\sin 6\theta \sin 3\theta = 0$

$\sin 6\theta = 0$、または $\sin 3\theta = 0$

$6\theta = n\pi$、または $3\theta = n\pi$　（n は整数）

$\theta = \dfrac{n\pi}{6}$、または $\theta = \dfrac{n\pi}{3}$　（n は整数）

演習問題 3-6

次の値を求めよ。

$$\sin\frac{7\pi}{12} - \sin\frac{\pi}{12}$$

解答

$$= 2\cos\frac{\frac{7\pi}{12} + \frac{\pi}{12}}{2}\sin\frac{\frac{7\pi}{12} - \frac{\pi}{12}}{2}$$

$$= 2\cos\frac{\pi}{3}\sin\frac{\pi}{4}$$

$$= 2 \times \frac{1}{2} \times \frac{1}{\sqrt{2}} = \frac{\sqrt{2}}{2}$$

演習問題 3-7

次の値を求めよ。

$\sin 20° + 2 \cos 40° \sin 20°$

解答

「積を和・差に直す公式」を使ってみる。

$\sin 20° + 2 \cos 40° \sin 20°$

$\sin 20° + 2 \times \dfrac{1}{2} \{\sin(40° + 20°) - \sin(40° - 20°)\}$

$= \sin 20° + \sin 60° - \sin 20°$

$= \sin 60° = \dfrac{\sqrt{3}}{2}$

演習問題 3-8

次の関数の最大値と最小値を求めよ。

(1)　$y = \sin t + \cos t$

(2)　$y = 3 \sin t + 5 \cos t$

解答

(1)　三角関数の合成の公式を用いて、

$\sin t + \cos t = \sqrt{1^2 + 1^2} \sin(t + \alpha) = \sqrt{2} \sin(t + \alpha)$

ただし α は、$\sin \alpha = \dfrac{1}{\sqrt{2}}$、$\cos \alpha = \dfrac{1}{\sqrt{2}}$ となる角度である。

$\sin(t + \alpha)$ の最大値は 1 で、最小値は -1 であるから、$\sqrt{2} \sin(t + \alpha)$ の最大値は $\sqrt{2}$ であり、最小値は $-\sqrt{2}$ となる。

(2) 三角関数の合成の公式を用いて、

$$3 \sin t + 5 \cos t = \sqrt{3^2 + 5^2} \sin(t + \alpha) = \sqrt{34} \sin(t + \alpha)$$

ただし α は、$\sin \alpha = \dfrac{5}{\sqrt{3^2 + 5^2}}$、$\cos = \dfrac{3}{\sqrt{3^2 + 5^2}}$ となる角度である。

$\sin(t + \alpha)$ の最大値は 1 で、最小値は -1 であるから、$\sqrt{34} \sin(t + \alpha)$ の最大値は $\sqrt{34}$ であり、最小値は $-\sqrt{34}$ となる。

演習問題 3-9

次の式を満たす θ を求めよ。ただし、$0 \leqq \theta \leqq \pi$ とする。

$$\sin \theta + \sqrt{3} \cos \theta = 1$$

解答

三角関数の合成を使う。

$$\sqrt{1 + (\sqrt{3})^2} \sin(\theta + \alpha) = 2 \sin(\theta + \alpha) = 1$$

ただし α は、$\sin \alpha = \dfrac{\sqrt{3}}{2}$、$\cos \alpha = \dfrac{1}{2}$ より、$\alpha = \dfrac{\pi}{3}$ と定まる。

$\sin\left(\theta + \dfrac{\pi}{3}\right) = \dfrac{1}{2}$ となり、$\dfrac{\pi}{3} \leqq \theta + \dfrac{\pi}{3} \leqq \pi + \dfrac{\pi}{3}$ より、

$\theta + \dfrac{\pi}{3} = \dfrac{5\pi}{6}$ となり、

結局、$\theta = \dfrac{5\pi}{6} - \dfrac{\pi}{3} = \dfrac{\pi}{2}$ と求まる。

演習問題 4-1

次の関数 $f(x)$ の導関数 $f'(x)$ を定義にもとづいて求めよ。

(1) $f(x) = x^2 + 3x$

(2) $f(x) = \dfrac{1}{x}$

解答

(1)
$$
\begin{aligned}
f'(x) &= \lim_{\Delta x \to 0} \frac{f(x + \Delta x) - f(x)}{\Delta x} \\
&= \lim_{\Delta x \to 0} \frac{\{(x + \Delta x)^2 + 3(x + \Delta x)\} - (x^2 + 3x)}{\Delta x} \\
&= \lim_{\Delta x \to 0} \frac{\{x^2 + 2x\Delta x + (\Delta x)^2 + (3x + 3\Delta x)\} - (x^2 + 3x)}{\Delta x} \\
&= \lim_{\Delta x \to 0} \frac{(2x + 3)\Delta x + (\Delta x)^2}{\Delta x} \\
&= \lim_{\Delta x \to 0} (2x + 3 + \Delta x) \\
&= 2x + 3
\end{aligned}
$$

(2)
$$
\begin{aligned}
f'(x) &= \lim_{\Delta x \to 0} \frac{f(x + \Delta x) - f(x)}{\Delta x} \\
&= \lim_{\Delta x \to 0} \frac{\frac{1}{x + \Delta x} - \frac{1}{x}}{\Delta x} \\
&= \lim_{\Delta x \to 0} \frac{x - (x + \Delta x)}{x(x + \Delta x)\Delta x} \\
&= \lim_{\Delta x \to 0} \frac{-1}{x(x + \Delta x)} \\
&= -\frac{1}{x^2}
\end{aligned}
$$

演習問題 4-2

次の関数 $f(x)$ の導関数 $f'(x)$ を、(4.1) の定理を用いて求めよ。

(1)　$f(x) = x^6$

(2)　$f(x) = x^9$

解答

(1)　6 を前に出して累乗の数を 1 つ減らせばよい。

$f'(x) = 6x^5$

(2)　$f'(x) = 9x^8$

演習問題 4-3

次の関数 $f(x)$ の導関数 $f'(x)$ を求めよ。

(1)　$f(x) = 7x + 9x^4$

(2)　$f(x) = 8 - 2x + 9x^3$

解答

(1)　$f'(x) = 7 + 36x^3$

(2)　$f'(x) = -2 + 27x^2$

演習問題 4-4

次の関数 $f(x)$ の導関数 $f'(x)$ を求めよ。

(1)　$f(x) = (x^5 + 2x^4 + 7x)(x^3 - 5x^2 + 7)$

(2)　$f(x) = \dfrac{x^2 + 3x + 9}{x^2 + 4x}$

解答

(1) $f'(x) = \{(x^5 + 2x^4 + 7x)(x^3 - 5x^2 + 7)\}'$

         $= (x^5 + 2x^4 + 7x)'(x^3 - 5x^2 + 7)$

            $+ (x^5 + 2x^4 + 7x)(x^3 - 5x^2 + 7)'$

         $= (5x^4 + 8x^3 + 7)(x^3 - 5x^2 + 7)$

            $+ (x^5 + 2x^4 + 7x)(3x^2 - 10x)$

(2) $f'(x) = \left(\dfrac{x^2 + 3x + 9}{x^2 + 4x} \right)'$

         $= \dfrac{(x^2 + 3x + 9)'(x^2 + 4x) - (x^2 + 3x + 9)(x^2 + 4x)'}{(x^2 + 4x)^2}$

         $= \dfrac{(2x + 3)(x^2 + 4x) - (x^2 + 3x + 9)(2x + 4)}{(x^2 + 4x)^2}$

演習問題 4-5

次の関数 $f(x)$ の導関数 $f'(x)$ を求めよ。

(1) $f(x) = (x^4 + 8x - 3)^5$

(2) $f(x) = (4x + 9)^6$

解答

(1) $z = x^4 + 8x - 3$、$y = z^5$ と置く。

         $f'(x) = \dfrac{dy}{dx} = \dfrac{dy}{dz} \times \dfrac{dz}{dx}$

           $= 5z^4(4x^3 + 8)$

           $= 5(4x^3 + 8)(x^4 + 8x - 3)^4$

(2) $z = 4x + 9$、$y = z^6$ と置く。

$$f'(x) = \frac{dy}{dx} = \frac{dy}{dz} \times \frac{dz}{dx}$$
$$= 6z^5 \times 4$$
$$= 24(4x + 9)^5$$

演習問題 4-6

次の関数 $f(t)$ の導関数 $f'(t)$ を求めよ。

(1)　$f(t) = \cot t$

(2)　$f(t) = \sin(t^5 + 5t^4 + 2t - 3)$

(3)　$f(t) = \sin 6t$　　　（k は定数）

(4)　$f(t) = (\cos t)^7$

解答

(1)　コタンジェントをコサインとサインで表して、商の微分公式を
　　使えばよい。

$$(\cot t)' = \left(\frac{\cos t}{\sin t} \right)'$$
$$= \frac{(\cos t)'(\sin t) - (\cos t)(\sin t)'}{(\sin t)^2}$$
$$= \frac{(-\sin t)(\sin t) - (\cos t)(\cos t)}{\sin^2 t}$$
$$= -\frac{\sin^2 t + \cos^2 t}{\sin^2 t}$$
$$= -\frac{1}{\sin^2 t}$$
$$= -\csc^2 t$$

(2)　$z = t^5 + 5t^4 + 2t - 3$、$y = \sin z$ と置いて、合成関数の微分公式を使う。

$$f'(t)\frac{dy}{dt} = \frac{dy}{dz} \times \frac{dz}{dt}$$
$$= (\cos z) \times (5t^4 + 20t^3 + 2)$$
$$= (5t^4 + 20t^3 + 2)\cos(t^5 + 5t^4 + 2t - 3)$$

(3)　例題 4-6(3) の $(\sin kt)' = k \cos kt$ を公式として使う。
$$f'(t) = (\sin 6t)' = 6 \cos 6t$$

(4)　$z = \cos t$、$y = z^7$ と置いて、合成関数の微分公式を使う。

$$f'(t) = \frac{dy}{dt} = \frac{dy}{dz} \times \frac{dz}{dt}$$
$$= 7z^6(-\sin t)$$
$$= -7(\cos t)^6 \sin t = -7 \sin t \cos^6 t$$

演習問題 4-7

次の関数 $f(x)$ について、2 階の導関数 $f''(x)$ を求めよ。
(1)　$f(x) = x^5 + 6x^2 + 6x$
(2)　$f(x) = \cos 5x$

解答
(1)　$f'(x) = 5x^4 + 12x + 6$、$f''(x) = 20x^3 + 12$
(2)　$f'(x) = -5 \sin 5x$、$f''(x) = -25 \cos 5x$

演習問題 4-8

質量が 3kg の質点があり、t 秒後の質点の位置が $x = (4t, \ 3t^3)$ である
とき、この質点に働いている力のベクトルを求めよ。

解答

$F = ma$ を使うので、はじめに加速度ベクトル a を求める。その
ためはじめに速度ベクトルを求める。速度ベクトルは1回微分して、
$(4t, \ 3t^3)' = (4, \ 9t^2)$、加速度ベクトルはもう一度微分して、$a = (0, \ 18t)$ となる。したがって、質点に働く力のベクトルは $F = ma = 3 \ (0, \ 18t) = (0, \ 54t)$ となる。

演習問題 5-1

次の関数 $f(x)$ の導関数 $f'(x)$ を求めよ。

(1) $f(x) = e^{\sin 5x}$

(2) $f(x) = e^{3x}\cos x$

解答

(1) $z = \sin 5x$、$y = e^z$ と置いて、合成関数の微分公式を使う。

$$f'(x) = \frac{dy}{dx} = \frac{dy}{dz} \times \frac{dz}{dx}$$
$$= e^z(5\cos 5x)$$
$$= (5\cos 5x)e^{\sin 5x}$$

(2) 積の導関数の公式を使う。

$$f'(x) = (e^{3x})' \times (\cos x) + (e^{3x}) \times (\cos x)'$$
$$= 3e^{3x}\cos x + e^{3x}(-\sin x)$$
$$= e^{3x}(3\cos x - \sin x)$$

演習問題 5-2

次の関数 $f(x)$ の導関数 $f'(x)$ を求めよ。

(1) $f(x) = 10^x$

(2) $f(x) = 7^{\cos x}$

解答

(1) $(a^x)' = a^x \log_e a$ において、$a = 10$ としてそのまま公式を使えばよい。$f'(x) = (10^x)' = 10^x \log_e 10$

(2) $z = \cos x$、$y = 7^z$ と置いて、合成関数の微分公式を使う。

$$f'(x) = \frac{dy}{dx} = \frac{dy}{dz} \times \frac{dz}{dx}$$
$$= 7^z (\log_e 7) \times (-\sin x)$$
$$= -7^{\cos x} (\log_e 7) \sin x$$

演習問題 5-3

次の関数 $f(x)$ の導関数 $f'(x)$ を求めよ。

(1) $f(x) = \log_e (\sin x + 5)$

(2) $f(x) = \cos (\log_5 x)$

解答

(1) $z = \sin x + 5$、$y = \log_e z$ と置き、合成関数の微分公式を使う。

$$f'(x) = \frac{dy}{dx} = \frac{dy}{dz} \times \frac{dz}{dx}$$
$$= \frac{1}{z} \times (\cos x)$$
$$= \frac{\cos x}{\sin x + 5}$$

(2)　$z = \log_5 x$、$y = \cos z$ と置き、合成関数の微分公式を使う。

$$f'(x) = \frac{dy}{dx} = \frac{dy}{dz} \times \frac{dz}{dx}$$

$$= (-\sin z) \times \frac{1}{x \log_e 5}$$

$$= -\frac{\sin(\log_5 x)}{x \log_e 5}$$

次の導関数を求めよ。

(1)　$y = x^x$

(2)　$y = x^{\sin x}$

解答

(1)　両辺の対数をとり、両辺を x で微分する。

$$\log_e y = \log_e(x^x) = x \times \log_e x$$

$$\frac{1}{y} \times \frac{dy}{dx} = 1 \times \log_e x + x \times \frac{1}{x}$$

$$\frac{dy}{dx} = y \times (\log_e x + 1)$$

$$= x^x(\log_e x + 1)$$

(2)　両辺の対数をとり、両辺を x で微分する。

$$\log_e y = \log_e(x^{\sin x}) = (\sin x)\log_e x$$

$$\frac{1}{y} \times \frac{dy}{dx} = (\cos x) \times \log_e x + (\sin x) \times \frac{1}{x}$$

$$\frac{dy}{dx} = y \times \left\{ (\cos x)\log_e x + \frac{\sin x}{x} \right\}$$

$$= \frac{x^{\sin x}(x \cos x \log_e x + \sin x)}{x}$$

演習問題 6-1

次の不定積分を求めよ。

(1) $\int x^3\,dx$

(2) $\int \sin 7x\,dx$

(3) $\int \cos 5x\,dx$

(4) $\int e^{5x}\,dx$

(5) $\int 5^x\,dx$

(6) $\int \dfrac{3}{x}\,dx$

解答

(1) $\int x^3\,dx = \dfrac{1}{4}\,x^4 + C$

(2) $\int \sin 7x\,dx = -\dfrac{1}{7}\cos 7x + C$

(3) $\int \cos 5x\,dx = \dfrac{1}{5}\sin 5x + C$

(4) $\int e^{5x}\,dx = \dfrac{1}{5}\,e^{5x} + C$

(5) $\int 5^x\,dx = \dfrac{5^x}{\log_e 5} + C$

(6) $\int \dfrac{3}{x}\,dx = 3\log_e x + C$

演習問題 6-2

式(6.2)を用いて、次の定積分を不定積分から求めよ。

(1) $\displaystyle\int_2^3 2x^5\,dx$

(2) $\displaystyle\int_0^{\frac{\pi}{2}} \sin x\,dx$

解答

(1) $\displaystyle\int_2^3 2x^5\,dx = \left[\, 2 \times \frac{1}{6}\,x^6 \,\right]_2^3$

$$= \frac{1}{3}\,(3^6 - 2^6) = \frac{665}{3}$$

(2) $\displaystyle\int_0^{\frac{\pi}{2}} \sin x\,dx = \left[-\cos x\right]_0^{\frac{\pi}{2}} = -0 - (-1) = 1$

演習問題 6-3

2 つの曲線 $y = f(x) = \cos x \ (0 \leqq x \leqq 2\pi)$、$y = g(x) = \sin x \ (0 \leqq x \leqq 2\pi)$ で囲まれた図の水色の部分の面積を求めよ。

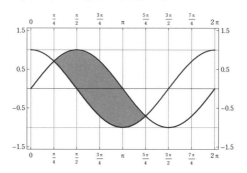

解答

2 曲線の交点の x 座標は、$\cos x = \sin x (0 \leqq x \leqq 2\pi)$ を解いて、$x = \dfrac{\pi}{4}$、$x = \dfrac{5\pi}{4}$、となる。2 曲線で囲まれた図形の面積は式 (6.1) で求められる。ただし、定積分を計算するのに不定積分を利用する。

$$
\begin{aligned}
S &= \int_{\frac{\pi}{4}}^{\frac{5\pi}{4}} \big| g(x) - f(x) \big| dx = \int_{\frac{\pi}{4}}^{\frac{5\pi}{4}} (\sin x - \cos x) dx \\
&= \Big[-\cos x - \sin x \Big]_{\frac{\pi}{4}}^{\frac{5\pi}{4}} \\
&= \left(\frac{1}{\sqrt{2}} + \frac{1}{\sqrt{2}} \right) - \left(-\frac{1}{\sqrt{2}} - \frac{1}{\sqrt{2}} \right) \\
&= \frac{4}{\sqrt{2}} = 2\sqrt{2}
\end{aligned}
$$

演習問題 6-4

次の不定積分を求めよ。

$$\int \left(7x^4 + 3\cos 4x + 5 \times 6^x + \frac{9}{x} \right) dx$$

解答

線形性を使い、それぞれの不定積分を求めればよい。積分定数はまとめて一つの C とすればよい。

$$\int \left(7x^4 + 3\cos 4x + 5 \times 6^x + \frac{9}{x} \right) dx$$

$$= 7 \times \frac{1}{5} x^5 + C_1 + 3 \times \frac{1}{4} (\sin 4x) + C_2 + 5 \times 6^x \frac{1}{\log_e 6} + C_3 + 9 \log_e x + C_4$$

$$= \frac{7x^5}{5} + \frac{3\sin 4x}{4} + \frac{5 \times 6^x}{\log_e 6} + 9 \log_e x + C$$

演習問題 6-5

次の不定積分と定積分を求めよ。

(1) $\int x \sin x \, dx$

(2) $\int_0^1 x e^{3x} \, dx$

解答

(1) $\displaystyle\int x \sin x \, dx = x(-\cos x) - \int 1 \times (-\cos x) \, dx$

$= -x \cos x + \sin x$

(2) $\displaystyle\int_0^1 x e^{3x} \, dx = \left[x \times \frac{1}{3} e^{3x} \right]_0^1 - \int_0^1 1 \times \frac{1}{3} e^{3x} \, dx$

$\displaystyle = \frac{e^3}{3} - \left[\frac{1}{3} \times \frac{1}{3} e^{3x} \right]_0^1$

$\displaystyle = \frac{e^3}{3} - \frac{1}{9} e^3 + \frac{1}{9}$

$\displaystyle = \frac{2e^3 + 1}{9}$

演習問題 6-6

次の不定積分と定積分を求めよ。

(1) $\displaystyle\int x^2 (x^3 + 5)^4 \, dx$

(2) $\displaystyle\int_0^1 (4x^3 + 6x) \sin(x^4 + 3x^2) \, dx$

解答

(1) $x^3 + 5 = t$ と置く。$\dfrac{dt}{dx} = 3x^2$ より、$dt = 3x^2 \, dx$ となるので、

$x^2 \, dx = \dfrac{1}{3} \, dt$

$\displaystyle\int x^2 (x^3 + 5)^4 dx = \int t^4 \times \frac{1}{3} \, dt = + \frac{t^5}{15} \, c = \frac{(x^3 + 5)^5}{15} + c$

(2)　$x^4 + 3x^2 = t$ と置く。$\dfrac{dt}{dx} = 4x^3 + 6x$ より、$dt = (4x^3 + 6x)\,dx$。

また、$x = 0$ となるのは、$t = 0^4 + 3 \times 0^2 = 0$ のとき、$x = 1$ となるのは、$t = 1^4 + 3 \times 1^2 = 4$ のときであるから、

$$\int_0^1 (4x^3 + 6x)\sin(x^4 + 3x^2)\,dx = \int_0^4 \sin t\,dt$$
$$= [-\cos t]_0^4 = -\cos 4 + 1$$

演習問題 6-7

m、n は正の整数、$m = n$ のとき、次の積分の値を求めよ。

$$I = \int_0^{2\pi} \sin mx \sin nx\,dx$$

解答

半角の公式を使う。

$$\sin^2 mx = \frac{1 - \cos 2\,mx}{2}$$

$$I = \int_0^{2\pi} \sin mx \sin mx\,dx = \int_0^{2\pi} \frac{1 - \cos 2\,mx}{2}\,dx$$
$$= \frac{1}{2}\left[\, x - \frac{1}{2m}\sin 2\,mx \,\right]_0^{2\pi}$$
$$= \frac{1}{2}(2\pi - 0) = \pi$$

演習問題 6-8

m、n は正の整数、$m = n$ のとき、次の積分の値を求めよ。

$$I = \int_0^{2\pi} \cos mx \cos nx \, dx$$

解答

半角の公式を使う。

$$\cos^2 mx = \frac{1 + \cos 2\,mx}{2}$$

$$
\begin{aligned}
I &= \int_0^{2\pi} \cos mx \cos mx \, dx = \int_0^{2\pi} \frac{1 + \cos 2\,mx}{2} \, dx \\
&= \frac{1}{2}\left[x + \frac{1}{2m} \sin 2\,mx \right]_0^{2\pi} \\
&= \frac{1}{2}(2\pi + 0) = \pi
\end{aligned}
$$

演習問題 7-1

式(7.3)において、$a = 0$ として、$f(x) = \cos x$ をテイラー展開せよ。また、収束半径を確認し、6 次までの近似式をグラフに表せ。

解答

$$f(x) = \cos x \quad f(0) = 1$$

$$f'(x) = -\sin x \quad f'(0) = 0$$

$$f^{(2)}(x) = -\cos x \quad f^{(2)}(0) = -1$$

$$f^{(3)}(x) = \sin x \quad f^{(3)}(0) = 0$$

$$f^{(4)}(x) = \cos x \quad f^{(4)}(0) = 1$$

あとは4項ごとに同じ結果になっていく。m を0以上の整数として、

$$f^{(n)}(0) = \begin{cases} 1 & (n = 4m) \\ 0 & (n = 4m + 1) \\ -1 & (n = 4m + 2) \\ 0 & (n = 4m + 3) \end{cases}$$

より、次のように展開できる。

$$\cos x = 1 + 0 \cdot x + \frac{(-1)}{2!} x^2 + \frac{0}{3!} x^3 + \frac{1}{4!} x^4 + \frac{0}{5!} x^5$$

$$+ \frac{(-1)}{6!} x^6 + \cdots$$

$$= 1 - \frac{1}{2!} x^2 + \frac{1}{4!} x^4 - \frac{1}{6!} x^6 + \cdots = \sum_{n=0}^{\infty} \frac{(-1)^n}{(2n)!} x^{2n}$$

収束半径を確認してみる。

$$a_n = \frac{(-1)^n}{(2n)!} \text{ とすると } a_{n+1} = \frac{(-1)^{n+1}}{(2n+2)!} \text{ より、}$$

$$A = \lim_{n \to \infty} \left| \frac{a_{n+1}}{a_n} \right| = \lim_{n \to \infty} \left| \frac{\frac{(-1)^{n+1}}{(2n+2)!}}{\frac{(-1)^n}{(2n)!}} \right| = \lim_{n \to \infty} \left| -\frac{1}{(2n+1)(2n+2)} \right| = 0$$

$$R = \frac{1}{A} = \frac{1}{0} = \infty$$

収束半径が無限大なので、すべての実数で収束することがわかる。

1 次から 6 次までの項を図示してみると、次のようになる。次数を高くすると、$y = \cos x$ への近似が次第によくなっていくことがわかる。

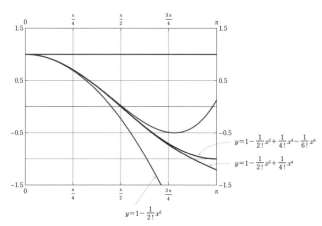

$$y = 1 - \frac{1}{2!}x^2 + \frac{1}{4!}x^4 - \frac{1}{6!}x^6$$

$$y = 1 - \frac{1}{2!}x^2 + \frac{1}{4!}x^4$$

$$y = 1 - \frac{1}{2!}x^2$$

演習問題 8-1

(1) 次の 2 つの複素数 z_1、z_2 の積を求めよ。

(1-1) $z_1 = <\,3,\ 26°\,>$、$z_2 = <\,4,\ 12°\,>$

(1-2) $z_1 = -2 + 3i$、$z_2 = 7 + 4i$

(2) $\theta = \dfrac{\pi}{10}$ のとき、$(\cos\theta + i\sin\theta)^{10}$ を求めよ。

解答

(1-1) 動径は積、偏角は和になるので、

$$z_1 z_2 = <\,3 \times 4,\ 26° + 12°\,> = <\,12,\ 38°\,>$$

(1-2) 分配法則で展開し、i^2 が出てきたら $i^2 = -1$ とする。

$$z_1z_2 = (-2+3i) \times (7+4i) = (-2) \times 7 + \{3 \times 7 + (-2) \times 4\}i$$
$$+ (3i) \times (4i)$$
$$= -14 + (21-8)i + 12i^2$$
$$= -14 + 13i - 12 = -26 + 13i$$

(2) ド・モアブルの公式により、

$$(\cos\theta + i\sin\theta)^{10}$$
$$= \cos(10\theta) + i\sin(10\theta)$$
$$= \cos\left(10 \times \frac{\pi}{10}\right) + i\sin\left(10 \times \frac{\pi}{10}\right)$$
$$= \cos\pi + i\sin\pi = -1 + 0 = -1$$

演習問題 9-1

$0 < x \leqq 1$ においては $-x+1$、$1 < x \leqq 2$ においては $x-1$ となる関数 $f(x)$ を、周期が $T = 2$ になるように拡張する。グラフは次のようになっている。

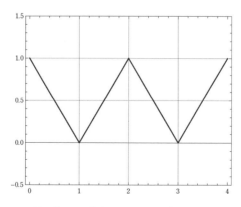

(1) 3次までの近似式を具体的に求め、グラフで表せ。

(2) 7次までの近似式をグラフで表せ。

(3) 20次までの近似式をグラフで表せ。

解答

式(9.2)、(9.3)、(9.4)にもとづいて積分を計算する。

$$a_0 = 1$$

$$a_1 = \frac{4}{\pi^2}$$

$$a_2 = 0$$

$$a_3 = \frac{4}{9\pi^2}$$

$$b_1 = b_2 = b_3 = 0$$

(1) $n = 3$ までの近似式は、具体的に次のように表される。

$$f(x) = \frac{1}{2} + \frac{4}{\pi^2}\cos(\pi x) + \frac{4}{9\pi^2}\cos(3\pi x)$$

この近似関数をグラフに表すと次のようになる。

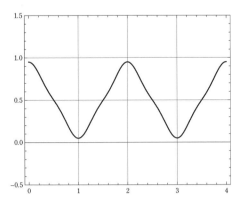

(2) $n = 7$ までのグラフは次のようになる。

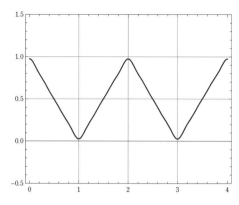

(3) $n = 20$ までのグラフは次のようになる。

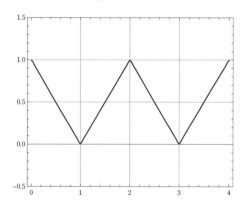

　$0 < x \leqq 1$においてはx、$1 < x \leqq 3$においては$x - 2$となる関数$f(x)$を、周期が$T = 3$になるように拡張する。グラフは次のようになっている。

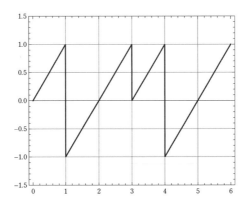

　(1)　5次までの近似式を具体的に求め、グラフで表せ。

　(2)　20次までの近似式をグラフで表せ。

　(3)　100次までの近似式をグラフで表せ。

解答

　式(9.2)、(9.3)、(9.4)にもとづいて積分を計算し、a_0、a_1、b_nを求める。式(9.1)で近似して式を表してグラフにする。

　(1)　$n = 5$までの近似式をグラフで示すと次のように表される。

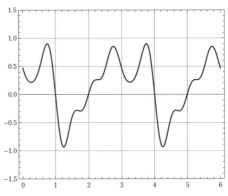

(2)　$n = 20$ までのグラフは次のようになる。

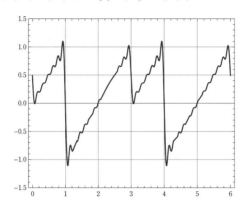

(3)　$n = 100$ までのグラフは次のようになる。

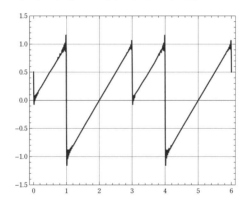

演習問題 9-3

$k = n$ のとき、次の定積分の値を求めよ。

$$I = \int_0^T \sin\left(\frac{2\pi k x}{T}\right) \cos\left(\frac{2\pi n x}{T}\right) dx$$

解答

2倍角の公式を使う。

$$I = \frac{1}{2} \int_0^T \sin\left(\frac{4\pi nx}{T}\right) dx$$

$$= \frac{1}{2}\left[-\frac{T}{4\pi n} \cos\left(\frac{4\pi nx}{T}\right)\right]_0^T$$

$$= -\frac{T}{8\pi n}\left(1 - 1\right) = 0$$

著者紹介

小林 道正（こばやし・みちまさ）

▶中央大学名誉教授。
1942 年、長野県生まれ。
京都大学理学部数学科卒業、東京教育大学大学院研究科修士課程修了。
1980 年から中央大学経済学部の教授を務め、2013 年退官。
前・数学教育協議会委員長。
専門は、確率論、数学教育。
著書に『数とは何か？』（ベレ出版）、『デタラメにひそむ確率法則──地震発生確率 87%
の意味するもの』（岩波書店）など多数。

◉──カバーデザイン　　三枝 未央
◉──DTP・本文図版　　清水 康広（WAVE）
◉──校正　　　　　　　曽根 信寿、小山 拓輝

基礎から発展まで 三角関数

2020 年 1 月 25 日　　初版発行

著者	**小林 道正**
発行者	**内田 真介**
発行・発売	**ベレ出版** 〒162-0832　東京都新宿区岩戸町12 レベッカビル TEL.03-5225-4790 FAX.03-5225-4795 ホームページ　http://www.beret.co.jp/
印刷	モリモト印刷株式会社
製本	根本製本株式会社

ISBN 978-4-86064-605-9 C0041　　　　　　　　編集担当　永瀬 敏章

高校生からわかる複素解析

涌井良幸 著

A5 並製／本体価格 2000 円（税別）■ 288 頁
ISBN978-4-86064-559-5 C0041

複素解析とは、一言でいうと、「変数が複素数である関数の、微分法・積分法を扱う数学」
のことです。中学・高校で学んだ関数は "実関数" といって、変数 x は実数ですが、複素関
数の変数 z は複素数です。実関数と複素関数には天と地ほどの差があります。本書は、量子
力学や電磁気学、流体力学などの理学・工学分野で活躍し、さらに経済学などの社会科学で
も広く使われている複素解析を、高校生からでもわかるよう、丁寧に解説していきます。

高校生からわかるベクトル解析

涌井良幸 著

A5 並製／本体価格 2000 円（税別）■ 312 頁
ISBN978-4-86064-531-1 C0041

「ベクトル」は高校生のときに数学や物理で学ぶものですが、苦手だった人も少なくないと思います。それ
に「解析」という言葉がプラスされるので、抵抗感をもつ人も少なくないでしょう。しかし、そんなベクト
ル解析もじつは理解するのに比較的容易な数学ともいえるのです。そして何よりベクトル解析は、現代の
日常生活に必要な身近なものから最先端の科学にいたるまで、あらゆるところで活躍している数学なので
す。本書は、専門の数学と高校数学の懸け橋となるべく書かれた、基礎教養をしっかりと学べる入門書です。

まずはこの一冊から
意味がわかる統計学

石井俊全 著

A5 並製／本体価格 2000 円（税別）■ 336 頁
ISBN978-4-86064-304-1 C2041

テレビの視聴率はたとえば 15.3%などと表現されます。これは全国の 15.3%の世帯
が見ていたということになりますが、じつは、調査対象はたったの 3000 世帯くらい
なのです。このように一部を取り出して全体の特性を予想することを統計学では「推定」
といいます。本書では、特にこの「推定」と「検定」という、実用的にも非常に世の
中の役に立っている「予想統計」について、徹底的にわかりやすく解説していきます。

まずはこの一冊から
意味がわかる微分・積分

岡部恒治／本丸諒 著

A5 並製／本体価格 1900 円（税別）■ 264 頁
ISBN978-4-86064-313-3 C2041

今やビジネスマン、社会人にとって必須となってきている「微分・積分」ですが、「あの頃はどうしても好きになれなかった」という人も多いことでしょう。しかし大人になって改めて学びなおすと、こんなにも身近に存在し、科学テクノロジーにもなくてはならないものなんだということに気づくはずです。本書では、「あの頃」にはわからなかった、理解できなかった、「微分・積分」の魅力と意味をじっくりと解説していきます。

まずはこの一冊から
意味がわかる線形代数

石井俊全 著

A5 並製／本体価格 2000 円（税別）■ 384 頁
ISBN978-4-86064-288-4 C2041

本書では、文系の社会人を中心に、数学を教える活動に携わる著者が、線形代数とは何か、なぜ学ぶのかというところから、その概念を可能なかぎり言葉で説明していきます。言葉だけではなく、数式、図表でもきちんと表現し、諸概念の図像的イメージをわかりやすく解説します。社会科学、工学での応用も見据えながら、計算法とその意味を十分に理解していただける一冊です。

まずはこの一冊から
意味がわかる多変量解析

石井俊全 著

A5 並製／本体価格 1900 円（税別）■ 304 頁
ISBN978-4-86064-398-0 C0041

あらゆるものがデジタルデータとして整理できるようになり、統計学の重要性が急速に再認識されてきています。科学、ビジネス、学問、スポーツなど、様々な分野において、データの解析は非常に重要な意味を持ちます。そこで必要な“基本的技術”となっているのが「多変量解析」です。本書では、その概略をしっかりつかみ、さらに、どう分析して何が得られるのか、多変量解析のソフトの中では何が行なわれているのか、その意味を理解できるよう、図版を駆使しながら詳しく丁寧に解説していきます。